Burkhard Greger

Städtebau ohne Konzept

Kritische Thesen zur Stadtplanung der Gegenwart

Hoffmann und Campe

1. bis 5. Tausend 1973

Gesetzt aus der Borgis Garamond-Antiqua
Gesamtherstellung Clausen & Bosse
ISBN 3-455-09052-4 · Printed in Germany

Inhalt

I. Krise im Städtebau

Unser Städtebau liegt im argen, so heißt es, und das wird auch in der Fachwelt kaum noch bestritten. Planer, Politiker, Soziologen und interessierte Teile der Bevölkerung sind sich darüber im klaren und zählen eine Anzahl von Faktoren auf, die ihren Beitrag zu dieser unbefriedigenden Situation leisten.

Da wird die Nicht-Verfügbarkeit über Grund und Boden genannt, die jeder groß angelegten Planung im Wege steht und da wird die »miese« Architektur angeprangert. Die langweiligen Schlafstädte werden für wachsende Unzufriedenheit und Kriminalität verantwortlich gemacht und die zu kleinen Wohnungen mit ihren oft unwirtschaftlichen Grundrissen, die dem einzelnen keine Veränderungsmöglichkeit bieten, werden als Ursache für Neurosen, Langeweile und aggressives Verhalten angesehen.

Die Aufzählung dieser und weiterer Faktoren läßt zunächst einmal den Schluß zu, daß über Städtebau nicht mehr geklagt werden müßte, wenn all die genannten Punkte geändert würden, wenn Grund und Boden für die zeitgemäßen Aufgaben im erforderlichen Umfang und zu vertretbaren Preisen zur Verfügung stünden, wenn Fassaden erfreulicher aussähen – was immer auch der einzelne darunter versteht – wenn darüber hinaus die Schlafbereiche (Trabanten) innerstädtisches Gepräge erhielten und mit öffentlichem Leben angereichert würden und wenn die eigene Behausung mehr Spielraum für freizeitliche Betätigung ließe und nicht nur Minimalbehälter für menschliche Existenz wäre.

Wohnungstrennwände sollten auch von ungeübter Hand leicht versetzbar angeboten werden, damit ein jeglicher seinen Individualbereich um einige Zentimeter in der Breite erweitern kann und das Gefühl erhält, er sei am »Städtebau« beteiligt.

Ein Teil der Forderungen wäre technisch lösbar, jedoch niemals ohne finanziell höheren Aufwand, der seinen Niederschlag in der Regel in den Mietkosten findet, die wiederum vom Bewohner zu tragen sind. Ein *circulus diaboli*, der bei der Forderung des sogenannten Betroffenen beginnt und der beim Geldbeutel des Fordernden endet. Und hier endet in der Regel auch der Ruf nach Baukunst. Wer sich jemals als Bauherr betätigt und auf eigene Rechnung ein Heim gebastelt oder erworben hat, der ist um die Erfahrung der Kosten für ansehnliche Gestaltung reicher. Hier werden 1000 Mark eher für einen angenehmeren Bodenbelag investiert als für eine auggerechte Fassade, die doch meistens nur die anderen sehen.

Die naheliegende Frage lautet also: wie muß eine Stadt aussehen, die den Wünschen und Vorstellungen ihrer Bewohner entspricht, und wie muß Planung betrieben werden, um derartige Wünsche und Vorstellungen als Ziele zu realisieren?

Nehmen wir einen Augenblick lang an, es stünde eine größere Fläche zur Verfügung und ein interdisziplinäres Planerteam könnte, ohne den üblichen Zeitdruck und ohne Sachzwänge, dieses Fleckchen Erde beispielhaft »urbanisieren«, wie sähe ein solches Ergebnis wohl aus?

Wäre das »besser« als ein Märkisches Viertel in West-Berlin oder ein Perlach in München? Wäre eine Makrostruktur die Lösung, eine Trichterstadt, ein Pyramiden- oder Hügelhaus, das gerade in Mode geratene Terrassenhaus oder wäre es nicht immer wieder das Einzelgehöft mit etwa sechs mal zehn Meter oder etwas mehr Garten und einem eigenen Swimming-pool, das den Besitzer unabhängig vom Massenandrang auf öffentliche Erholungsbereiche macht. Einst hieß es: Stadtluft macht frei und dieser Slogan hat kaum noch Werbekraft. Heute heißt es eher: Stadtluft macht krank und wer sich finanziell in der Lage sieht, eine Datscha zu erwerben, der flieht die Willkür der Vermieter, die verpesteten und verstopften Straßen, die Hektik und das laute Treiben der Innenstadt, um sich zwischen seinen Rosen auf der Terrasse zu erholen und vom Fernsehgerät unterhalten und bilden zu lassen.

Goethes Osterspaziergang hätte hier uneingeschränkt seine Gültigkeit, wenn es heißt: *Zufrieden jauchzet Groß und Klein: hier bin ich Mensch, hier darf ich's sein!*
Aber die Zufriedenheit hält oft nicht lange vor. Schon bald werden die stark belasteten und zeitraubenden Anfahrtswege zur Arbeitsstelle und Schule beklagt, die Unterversorgung des eigenen Wohnbereichs bemängelt und die Leblosigkeit des bewohnten Quartiers gerügt.
Der Bewohner einer Geschoßwohnung oder eines Reihenhauses sieht sich zudem einem unzureichend gelösten Schallproblem gegenüber, sieht sich weiterhin nur als unscheinbares Mitglied einer großen Masse, verstärkt durch kaserniertes Dasein und das zu gleichen Kosten und Belastungen wie der Eigner eines isoliert stehenden Gehöftes. Die eigene Situation wird als miserabel angesehen, und die Schuld an dieser Misere wird heutigen Planern und Planungen angelastet, die sich der Erkenntnisse von Soziologen, Psychologen und Medizinern nicht bedient haben und die selbstherrlich und mit Arroganz hektarweise Wiesen urbanisieren, ohne den Komplex Stadt auch nur annähernd zu überblicken.
Betroffenheit durch bestimmte planerische Maßnahmen wird als persönliches Unglück empfunden und eine Reaktion oder ein Engagement gar zeigt sich zumeist nur, um persönliches Unglück abzuwehren.
Private Grundstücksfläche beispielsweise für die Erweiterung einer Straße oder die Einrichtung einer öffentlichen Grünfläche abzutreten, wird von allen befürwortet, aber wehe, es ist die eigene. Selten werden so viele Alternativvorschläge ausgearbeitet und selten so stichhaltige Gegenargumente vorgetragen wie dort, wo der Einzelne zugunsten einer Mehrheit belastet werden soll. Damit soll nicht gesagt sein, daß es nicht etwa Alternativlösungen gibt, die den Faktor Betroffenheit auf ein Minimum reduzieren, aber es gibt eben auch solche Lösungsvorschläge, die die Wirksamkeit der Maßnahme und ihren finanziellen Aufwand höher bewerten müssen. Diese Betrachtungsweise wird jedoch als technokratische Denkart bezeichnet und damit als menschenfeindlich verurteilt. Die Kritik heutiger Stadtplanung beschränkt sich in der Regel darauf, sichtbare Miß-

stände anzuprangern und die hierfür Verantwortlichen ausfindig zu machen, um ihnen entschiedene Phantasielosigkeit (Mitscherlich) oder restloses Versagen (Märkisches Viertel in West-Berlin) anzulasten. Die »katastrophalen« Beispiele planerischer Unfähigkeit müßten jedoch inzwischen als mustergültige Fehlersammlungen so weit analysiert sein, daß künftighin eine Wiederholung ausgeschlossen werden kann, schreitet man aber die Tatorte planerischen Geschehens ab – und hier sowohl die Lehrstätten wie auch die technischen Zeichenbüros – so findet man modische Varianten der Bebauung und vereinzelte Versuche, Kritikers Gedankengänge in alibinöse Erläuterungsberichte und graphische Darstellungen zu übersetzen.
»Wir planen und bauen für Menschen« ist das Kodewort vieler Bebauungsabsichten und die ernstgemeinte Übersetzung in den Bebauungsplan sieht dann den maximal 500 m langen Volksschulweg möglichst gefahrenfrei und von allen Bewohnern eines Gebietes zügig erlaufbare Standorte von Neben- und Hauptzentren vor.
Das Wohnungsangebot wird vielfältig nachgewiesen und die Bauformen werden vom freistehenden Einfamilienhaus bis zu Stangen- und punktförmigen Hochhäusern hochgestaffelt mit sonnenwärts gerichteten Freizeitboxen (Loggien, Balkons) und vor den notwendigen Fenstern (Fenster in Räumen, die dem ständigen Aufenthalt von Menschen dienen) werden nicht betretbare Rasenflächen (der Ruhe und Erhaltung wegen) sowie Bäume eingestreut, damit der erholungsbedürftige Mensch hier sein entspannendes Grün beobachten kann. Damit könnten eigentlich jene Forderungen, die der informierte Planer aus der Vielzahl der kritischen Elaborate von Soziologen und Psychologen herausliest, weitgehend als erfüllt nachgewiesen werden und dennoch drängt sich immer wieder ein Unbehagen auf, wenn festgestellt werden muß, daß das sogenannte Funktionieren eines Quartiers selbst dann nicht gewährleistet ist, wenn die Fassaden als besser gelungen angesehen werden können und die Bewohner eine nach »objektiven« Maßstäben ausreichend dimensionierte Wohnung bewohnen.
Die Annahme, mit Gebautem als materieller Bedürfnisbefriedigung das Problem Stadtplanung teilweise bereits gelöst zu haben, bedarf der intensiven Untersuchung und des glaubwürdigen Nachweises.

Der Mensch ist bislang immer nur in der Gegenüberstellung mit dem Gebauten betrachtet worden und selbst als Objekt in der Planung aufgetaucht. Der Don Quijote, der mit eingelegter Lanze auf Windmühlenflügel einsticht und von diesen gefesselt bis zur Bewußtlosigkeit herumgewirbelt wird. Der Mensch wird in Bestehendes und Geplantes mit seinen Wünschen und Bedürfnissen eingestellt und es wird als schlecht befunden, was diesen Wünschen nicht entspricht und die Bedürfnisse nicht befriedigt. Kürzere Schulwege werden z. B. dort gefordert, wo die tatsächlichen Wege als zu lang angesehen werden und Kneipen werden dort gewünscht, wo es im näheren Umkreis an solchen mangelt. Forderungen dieser Art sind jedoch nur Reaktionen auf örtliche Mißstände, stellen aber nicht unbedingt den Maßstab für künftige Planungen dar. Der Schulweg könnte vielleicht länger sein, wenn eine gute Erreichbarkeit des Lehrgebäudes garantiert wäre, und er könnte ebenso kürzer sein, wenn eine entsprechende Besiedlungsdichte eine wirtschaftliche Nutzung gewährleistete.

Die Forderungen der Bevölkerung werden an jedem Standort verschieden sein und sie sind zudem gruppenspezifisch. Es können daher aus den Fragebogen angesprochener Bevölkerungsschichten keine städtebaulich relevanten Planungsrichtlinien herauskristallisiert werden, sondern derartige ausgewertete Listen können bestenfalls zu einer positiven Veränderung eines Bestandes beitragen. Wenn also jemand behauptet, die berechtigten Forderungen der betroffenen Bevölkerung vertreten zu können – und hier sind Soziologen und Psychologen in erster Linie angesprochen – so handelt es sich bei diesen Forderungen eigentlich mehr um eine Handvoll Mehrbereichswünsche, in bestimmten Gebieten ermittelt, die dem Planer in der Regel ebenfalls bekannt sind, die aber für ein neugeplantes Gebiet nicht mehr unbedingt ihre Gültigkeit behalten, da die gesamte bauliche Situation sowie die Bevölkerungskonstellation andere Voraussetzungen für quartierseigene Details darstellen.

So können bestimmte infrastrukturelle Einrichtungen nur in der allgemeinsten Fassung formuliert werden und sie sollten eigentlich erst nach der Okkupation durch eine bestimmte Bevölkerung wunschgerecht ergänzt werden. Doch die praktizierte Bebauungs-

planung fixiert vermutete Erkenntnis zur Rechtsverbindlichkeit und läßt einer später erforderlichen Korrektur nur schwer Spielraum. Korrektur bedeutet hier, noch nicht Gebautem eventuell einen neuen Standort zuzuweisen (soweit andere Standorte noch zugänglich sind) oder Nutzungsänderungen durchzusetzen (soweit damit nicht bereits ein ersatzpflichtiger Planungsschaden verbunden ist, z. B. Verminderung der zulässigen Geschoßfläche).
Sind jene, aus sozialwissenschaftlicher Erkenntnis und ausgewerteten statistischen Erhebungen formulierten Forderungen als so verbindliche Richtwerte anzusehen, daß Planung nach dem jeweiligen Erkenntnisstand präfixiert werden kann oder zwingt nicht vielmehr die Erkenntnis, daß sozialwissenschaftliches Ergebnis nur Bestandsaufnahme bestimmter Situationen und Konstellationen ist und weniger geeignet, künftige Planung daraus so verbindlich abzuleiten, daß die Festsetzungen eines Bebauungsplanes in Beton gegossen werden können, zu größerer Beweglichkeit gegenüber neuerer Erfordernisse? Sollten Planung und Realität nicht so flexibel und variabel gehalten werden, daß jeglicher Irrtum – und dessen Möglichkeit ist unbestritten – korrigiert und jegliche letzte Erkenntnis integriert werden kann? Hier wäre Anlaß, nach Methoden, Verfahren und Systemen zu suchen, die unter wirtschaftlich vertretbaren Gesichtspunkten, unter Einbeziehung kollektiver menschlicher Wünsche und Bedürfnisse sowie unter Berücksichtigung jener Faktoren, die der verschwommene Sammelbegriff Urbanität beinhaltet, die in kurzer Zeit die Ansiedlung großer Menschenmengen ermöglichen und den optimalen Nährboden für eine fruchtbare und friedvolle Koexistenz darstellen.
Wie diese neuen Systeme aussehen sollen – sowohl gestalterisch wie auch in der gesamten Anlage – darüber herrschen Zweifel bis Ratlosigkeit, abgesehen von der Frage, ob sie überhaupt vonnöten sind. Wie sie dagegen nicht beschaffen sein sollten, das ist in den letzten Jahren mit kritischem Fleiß immer wieder beschrieben und diskutiert worden. Sichtbare Veränderungen im Sinne von Verbesserungen sind aber bislang nicht zu verzeichnen, was die Vermutung zuläßt, daß bestimmte Erkenntnisse noch nicht bis auf die Ebene der Verantwortung durchgedrungen sind oder sollte dieses doch der Fall

sein, dann werden sie ignoriert oder für irrelevant angesehen. Und es gibt die weitere Tatsache, daß wichtige Forderungen zwar für begründet gehalten und ihre Verwirklichung mit Nachdruck angestrebt wird, daß aber ganz bestimmte Interessengruppen an einer Veränderung gar nicht interessiert sind und aus den auf relativ schwachen Füßen stehenden Bauvorschriften und -gesetzen mit Erfolg der eigene Nutzen herausgedichtet werden kann.
Es kann in diesem Zusammenhang nicht nur von den von »schlechtem Städtebau« Betroffenen gesprochen werden, sondern auch von den an »schlechtem Städtebau« Beteiligten.
Was aber schlechter Städtebau ist, wurde bislang fast ausschließlich mit der Herausstellung schlechter Details belegt und was demgegenüber guter Städtebau ist, wurde bislang noch nicht formuliert. Sicher kann man von der Annahme ausgehen, daß etwas nicht unbedingt besser wird, wenn man das Gegenteil tut und allzu leicht unterliegen wir der Gefahr, sichtbare Mißstände als Ursachen für das Nichtfunktionieren städtischen Lebens anzusehen. Ein Auto fährt nicht besser, wenn man es anders anstreicht oder neue Schonbezüge auslegt und so gesehen müssen ernsthaft die Fragen geprüft werden, ob schlechte Fassaden oder kleine Wohnungen wirklich ihren so wesentlichen Anteil am sogenannten »schlechten Städtebau« haben oder ob nicht die Kumulation einer Vielzahl verschiedener Faktoren zu einem hohen Grad an Unzufriedenheit führt und aus dieser Unzufriedenheit wird dann die Qualität eines Quartiers abgeleitet.
Wo eine kleine Wohnung mit einer hohen Miete, mit einem weiten Arbeitsweg, mit einer unattraktiven Versorgung, mit verstopften Straßen und »böswilligen« Nachbarn gekoppelt ist, da ist die Zufriedenheit mit dem Wohnbereich denkbar gering. Verschiedene Teilpunkte könnten hier jedoch ausgeräumt werden, wenn ein umfassendes Wohnungsangebot größere Beweglichkeit und Auswahlmöglichkeit böte und der einzelne aus der obigen Liste den weiten Arbeitsweg, die verstopfte Straße und den bösen Nachbarn streichen könnte. Eine Art Optimierung des Wohnstandortes. Diese Optimierung ist jedoch in der Regel kaum noch möglich, da man froh sein muß, überhaupt eine Wohnung zu bekommen, die finanziell

eben noch tragbar ist und somit alle weiteren unbefriedigenden Teilwünsche als Schicksal hingenommen werden müssen.
Ein nicht unerheblicher Faktor ist immer wieder die Entfernung von der Wohnung zum Stadtzentrum, auch wenn der Arbeitsplatz nicht im Zentrum liegt und das kulturelle Angebot dieses Bereiches kaum in Anspruch genommen wird. Das Zentrum liefert die Leitvorstellung für Urbanität in seinen vielfältigen Bedeutungen wie hoher Versorgungsgrad, Vielzahl kultureller Einrichtungen, umfassendes Freizeitangebot, es ist sozusagen der Tummelplatz der Multiinteressen und je weiter man sich von diesem Bereich entfernt, um so stärker wird der Verlust der Mitte beklagt. Die radiale Expansion unserer Städte bringt zwangsläufig den wachsenden Abstand vom zentralen Bereich. In den kernbereichsnahen Gebieten kann nur eine bestimmte Zahl von Personen ein Quartier beziehen und diese Zahl ist nach Fläche und der höchsten vertretbaren Bevölkerungszahl pro Flächeneinheit berechenbar. Alles, was diesen Maximalwert überschreitet muß zwangsläufig draußen bleiben. Der Platz im Kessel kann nur noch erkauft werden und er wird nunmehr an den Höchstbietenden versteigert. Die Wohnungen entfernen sich damit rasch vom Realwert und erhalten einen Liebhaberwert und auf dieser Basis werden weite Bevölkerungsschichten (Einkommen) von einer »bevorzugten« Wohnanlage von Anbeginn ausgeschlossen. Eine bekannte Entwicklung. Das bedeutet, in die Umgangssprache übersetzt, wer gut verdient, der kann auch gut wohnen. Wer einen solchen Platz in bevorzugter Lage nicht erkaufen kann, der fühlt sich deklassiert. Ihm wird schon durch seine Umgebung sichtbar vor Augen geführt, daß nicht die Person und das Individuum den Maßstab der Umwelt darstellt, sondern einzig das Einkommen. Hier wird der Bezug zum kapitalistischen System und zur Spekulation hergestellt; der Betroffene sieht sich als Opfer und spürt zugleich seine Ohnmacht gegenüber diesem System.
Ein Fluchtversuch aus dieser Entwicklung ist der Run auf das Eigenheim und die Eigentumswohnung. Der Erwerb von Eigentum ist wohl von der Absicht bestimmt, sich aus einer totalen Abhängigkeit zu lösen, wie auch Kapital anzulegen oder zu bilden. Weiterhin ist der Wunsch zu nennen, eine maßgeschneiderte Behausung zu be-

wohnen, die, soweit es die Finanzkraft zuläßt, den persönlichen Geschmack dokumentiert. Diejenigen, die auf Grund ihrer Einkommens- oder Vermögenslage kein Entrinnen sehen und sich anhaltend Mietsteigerungen oder Kündigungen ausgeliefert sehen, versuchen einen Teil ihrer mißlichen Situation mit dem für sie augenfälligen »Planungstreiben« zu erklären. Die Verdrängung der Bevölkerung aus Kerngebieten und Sanierungsgebieten ist allein möglich auf der Basis planerischer Entscheidungen, so mutmaßt der Betroffene und er muß zu dem Schluß kommen, daß überall dort, wo eine derartige Vertreibung stattfindet, die Planung versagt hat. An dieser Stelle muß einmal konkret gesagt werden, was Planung eigentlich ist, wer die Beteiligten sind und wie weit vor allem von den Beteiligten Erbrütetes immer wieder jene Realität wird, der wir stets aufs neue mit der zornigen Reaktion des Gefoppten gegenüberstehen.

Planung, so läßt sich aus einer Fülle von Definitionsversuchen herauskristallisieren, ist:

Die Vorbereitung der Verwirklichung einer Zielvorstellung auf der Basis der Erkenntnis der Gegenwart für die Bedürfnisse der Zukunft.

Zwischen der Planung und der Realität stehen jeweils jene Institutionen, die die Planung nach eingehender Prüfung und Beratung gutheißen und ihr den Stempel der Verbindlichkeit aufdrücken.

Planung ist also zunächst einmal Vorbereitung. Vorbereitung der Verwirklichung einer Zielvorstellung. Die Zielvorstellung selbst eine Art Idealbild des fertigen Werkes, ein Optimum, was die Kosten: Nutzen-Konfrontation anbelangt, eine Verbesserung, so wird man vermuten, was die Kenntnis der Mängel bestehender Anlagen betrifft. Die Zielvorstellung möglicherweise das Spielgelbild einer gesellschaftlichen Struktur. Die Zielvorstellung damit bereits ein Sammelbecken von möglichen Fehlentscheidungen und Fehleinschätzungen. Zulieferer für die Zielvorstellung ist die Erkenntnis der Gegenwart und hier ist die Skala der Fehlerquellen sehr umfangreich. Diese umfaßt die Genauigkeit und Aussagekraft statistischer Erhebungen ebenso wie den Breitengrad solcher Untersuchungen bis hin zur Bestimmung des Wertes einer Aussage und ihre Deu-

tung. Das Bedürfnis der Zukunft wird aus Prognosen hergeleitet, die eine tendenzielle Fortsetzung eines beobachteten längeren und kürzeren Zeitraumes darstellen. Der längere Zeitraum zeigt dabei die allgemeine Tendenz, der kürzere Zeitraum die graduelle Deklination von der allgemeinen Tendenz; die Tendenz der Tendenz.
Prognosen stellen damit ebenfalls planerische Gefahrenherde dar, da sie auf einer Rückschau aufbauen und auf eine stabile Zukunft hoffen. Sieht man nunmehr die Realität im finstersten Extremfall als mögliche Addition von Fehlern, so ist das Ergebnis eventuell ein Zustand, den wir als Chaos bezeichnen können. Selbst eine Reihe von richtigen Voraussetzungen wird hier zu keiner wesentlichen Kommaverschiebung beitragen.
Sieht man Planung nunmehr auf so schwachen Füßen stehen, so ist man spontan geneigt zu fragen, wie die angedeuteten Fehlerquellen reduziert oder gar eliminiert werden können und ob man bei einer derartigen Sachlage überhaupt noch guten Gewissens Planung betreiben darf. Selbst bei der optimistischen Annahme, daß die Erkenntnis der Gegenwart hochgradig objektiviert werden kann, d. h. bestimmte Aussagen für weite Bereiche operationale Verbindlichkeit erlangen kann und eine Zielvorstellung so weiten Spielraum beläßt, daß auch unkalkulierte Abweichungen von der Tendenz schadensfrei berücksichtigt werden können, so bleibt doch immer noch der Unsicherheitsfaktor Mode, gesellschaftliche »Stimmung« und der Faktor Erfindung im Sinne von Entwicklung. Planung müßte demnach bereits so flexibel sein, daß jede Veränderung der Erkenntnis während des Planungszeitraumes und im Zeitraum der Verwirklichung, wobei sich diese Zeiträume heute bereits weitgehend überlagern, noch einbezogen werden kann und daß weiterhin nach der Verwirklichung der Zielvorstellung die Realität so variabel gehalten wird, daß eine Integration neuester Erkenntnis jederzeit möglich ist. Die Planung dürfte damit nur bestimmte Grenzen setzen, die nicht zu überschreiten sind, eine Art »Grenzwertplanung« und sie müßte bestimmte Belastungsarten von Anbeginn durchspielen. Eine Art »Lastfallplanung«.
Zur Verdeutlichung des Gesagten soll ein Beispiel aus der Baustatik herangezogen werden. Ein Träger auf zwei Stützen ist ein einfaches

statisches System. Die Grenze der Belastung ist dort gegeben, wo das gesamte System unter der Einwirkung der Maximallast zusammenbricht. Kennt man diese Gesamtlast oder Bruchlast, so ist ein Zusammenbruch dann zu verhindern, wenn die einwirkende Gesamtlast stets kleiner als die Bruchlast gehalten wird. Bestimmte Lastfälle werden dort untersucht, wo nur Teile des Systems einer Maximalbelastung ausgesetzt werden und dann das Systemverhalten bei einem jeweiligen Lastfall beobachtet wird. Das System ist also dann als gesichert anzusehen, wenn die Dimensionierung einer kleineren als der Bruchlast, sowie jeder möglichen Teilbelastung standhält. Ein derartiger Vergleich hat natürlich seine Grenzen, aber er verdeutlicht bereits die oben angeführten Begriffe.

Ein bestimmtes System muß demnach für eine gewünschte Belastung dimensioniert werden oder aber eine bestimmte Dimension eines Systems hält nur einer errechenbaren Höchstlast stand. Es muß also am Ende der Untersuchung sowohl die Dimension als auch die Höchstlast feststehen, um eine risikofreie Funktion zu garantieren.

Damit ist aber zunächst einmal nur das technische Gerüst erfaßt, nicht dagegen jener emotionelle und menschliche Bereich, der ebenfalls einen wesentlichen Anteil am Gesamtwerk hat. Diese Bereiche zu erfassen heißt aber: versuchen, tasten und hoffen. Wenn Planung, wie bereits dargestellt, im technisch berechenbaren Bereich einer Anzahl von Fehlermöglichkeiten konfrontiert ist, so ist sie es im emotionellen Bereich ganz sicher ebenfalls.

Wer sind nun die an der Planung Beteiligten?

Da ist zunächst einmal die Gemeinde oder die Stadt, vertreten durch Räte und Bürgermeister. Gemäß § 2 Abs. 1 des Bundesbaugesetzes sind von den Gemeinden Bauleitpläne in eigener Verantwortung aufzustellen, sobald und soweit es erforderlich ist. Die Aufstellung von Bauleitplänen (Flächennutzungsplan und Bebauungsplan nach dem BBauG, aber auch der Sozialplan nach § 8 und 57 des Städtebauförderungsgesetzes und der Entwicklungsplan) ist eine hoheitliche Aufgabe der Gemeinden. Die Gemeinde erteilt zunächst einmal den Auftrag an fachlich geeignete Personen oder Institutionen, Bauleitpläne zu erstellen und der Gemeinderat hat später die im Entwurf vorgelegten Pläne zu begutachten, zu befürworten oder abzulehnen und zu beschließen. Eine Beurteilung von derartigen Plänen setzt fraglos ein bestimmtes Maß von fachlicher Kenntnis voraus und diese ist bei einer Mehrzahl von Gemeinde- oder Stadträten erfahrungsgemäß nicht immer gegeben. Damit stützt sich ein solches Gremium weitgehend auf die mehr oder weniger überzeugenden Erläuterungen der Planfertiger ab, läßt sich, wenn zeitlich und personell möglich, Alternativen vorführen und entscheidet sich dann für die nach eigener Erkenntnis einleuchtende und vernünftige Lösung.

Planfertiger gelten in der Regel als fachlich geschult, d. h. sie können Programme zeichnerisch darstellen und sie sind mehr oder weniger mit Problematik und Methode des Planens vertraut. Der Versuch, Planer gezielt auszubilden, ist noch relativ jung und die Generation, die eine erste umfassende Kenntnis um die Vielfalt planerischen Geschehens besitzt, ist noch nicht voll im Einsatz, da vornehmlich im Bereich der Bauverwaltung die neue Erkenntnis erst mit dem Kundigen hochbefördert werden muß. Die ältere Planergeneration rekrutiert sich überwiegend aus einem Heer ausgebildeter Architekten, das selbständig Baupläne für Gebäude zusammenstricheln darf, jedoch mit dem Komplex Stadtplanung erst im Laufe der Praxis in Berührung kam. Wer ein Haus bauen kann, der kann auch viele Häuser bauen und viele Häuser sind eine Stadt. Das ist die fast logische Gedankenkette, die aus einem Architekten einen Stadtplaner machte. Heute ist man einen Schritt weiter, als man erkannt hat, daß der Planer, der den baulich handwerklichen Sektor zu vertreten hat, den gesamten städtebaulichen Aufgabenbereich nicht mehr bewältigt. Hier wurden ergänzend Fachleute zu Rate gezogen, die zu Bauendem jenen belebenden Odem einblasen sollten, dem man in den Siedlungshaufen letzter Jahre entbehrt. Es sind dieses vor allem Soziologen und Psychologen, denen der »menschliche« Anteil (im Gegensatz zum technischen Anteil) überantwortet wurde. Auch die Medizin und die politische Wissenschaft wurden als planungsrelevante Disziplinen erkannt. Der Versuch einer Kooperation ist jung und die Zwischenergebnisse sind enttäuschend. Der Soziologe Helmut Klages versuchte bereits 1966 in seinem Aufsatz ›Über einige Probleme der Zusammenarbeit des

Städtebauers mit dem Soziologen‹ eine aufkommende Euphorie zu besänftigen und schrieb: »Ein produktiver Kontakt zwischen dem Städtebauer und dem Soziologen kann, wie sich erwiesen hat, auf dem Wege einzelner Gelegenheitsbegegnungen und Wissensvorführungen nicht gelingen, sondern führt mit großer Wahrscheinlichkeit zu Mißverständnissen... Geht man diesen Schwierigkeiten und Mißverständnissen nach, so bemerkt man, daß sich bei Soziologen, die in den letzten Jahren einen direkten Kontakt mit Städtebauern herstellen konnten, ab und zu die beinahe verlegene Warnung davor findet, von der Soziologie allzuviel zu erwarten, insbesondere davor, von ihr zu erhoffen, daß sie allgemeine gesellschaftliche Leitnormen für die Stadtgestaltung deklariere. Der Soziologe kann, kurz gesagt, solche Leitnormen nicht bekannt geben und zwar nicht deshalb, weil sie Bestandteil eines professionellen Geheimbesitzes wären, sondern deshalb, weil sie vielmehr in der Form eines erfahrungswissenschaftlich aufdeckbaren und zugleich beweisbaren Kenntnisbestandes gar nicht existiert«[1].

Der Soziologe Walter Siebel [2] sagt ergänzend und weist damit ebenfalls auf die geringe Einflußmöglichkeit der Sozialwissenschaft auf die Planung hin: »Die moderne Soziologie gesteht sich denn auch allenfalls die Fähigkeit zu, die möglichen Folgen von Planungsentscheidungen aufzuzeigen, nicht aber, diese selber inhaltlich zu diskutieren.«

Dennoch versuchen vereinzelte Vertreter dieser Disziplinen, handfeste Tips zu geben, wie z. B. Alexander Mitscherlich [3] für das Projekt Heidelberg-Emmertsgrund oder Hans Paul Bahrdt [4] in seinem Werk ›Humaner Städtebau‹, aber auch Norbert Schmidt-Relenberg [5] in seiner Schrift ›Soziologie und Städtebau‹. Der Versuch einer Teamarbeit zwischen den genannten Disziplinen muß zum augenblicklichen Zeitpunkt noch als wenig vorangeschritten angesehen werden und der Verdacht, daß jene Bereiche nur als Alibi und Mittäter angesprochen werden, muß glaubwürdig entkräftet werden.

Der jüngste Versuch, den von der Planung Betroffenen in den Planungsprozeß einzubeziehen (nunmehr im Städtebauförderungsgesetz § 1, Abs. 4 verankert), muß als wenig hoffnungsvoll angesehen wer-

den. Der Hinweis auf die fachliche Unkenntnis der Mehrzahl der Angesprochenen, wird mit einem fast leichtfertigen Optimismus einer informierenden Unterweisung begegnet.
Hier könnte aus dem sozialwissenschaftlichen und psychologischen Erfahrungsschatz die mutige Auskunft abgezweigt werden, wie lang anhaltend und intensiv es um die menschliche Begeisterungsfähigkeit bestellt ist, soweit es sich um Dinge handelt, die einen nicht nur nicht unmittelbar etwas angehen, sondern die einen zuweilen sogar belästigen.
Betroffenheit durch planerische Maßnahmen wird, wie bereits erwähnt, als persönlicher Angriff gewertet und eine Reaktion erfolgt erfahrungsgemäß nur, um solche Angriffe abzuwehren. Es ist immer wieder bedauerlich, etwas Derartiges feststellen zu müssen, aber diese Tatsache muß zunächst einmal zu einem festen Bestandteil unserer Erkenntnis erhoben werden. Diese Erkenntnis könnte zweifelsohne nochmals überprüft werden und im gleichen Arbeitsgang wäre zu ermitteln, um welche Art der Betroffenheit es sich jeweils handelt. Der Eigentümer eines Grundstückes und eines Gebäudes innerhalb eines Plangebietes ist in anderer Weise betroffen als der Mieter oder Pächter oder gar nur der außenstehende Besucher, der das Gebiet vornehmlich nach dem Erscheinungsbild beurteilt.
Eigentümer können zuweilen sogar als Beteiligte angesehen werden, nämlich dort, wo sie über größere Flächen und ausreichendes Kapital verfügen und nicht nur innerhalb ihrer baurechtlichen Grenzen Narrenfreiheit besitzen, sondern zuweilen diese Grenzen auch selber mitbestimmen. Häufig zu beobachten ist dieses bei der Aufstellung von Flächennutzungsplänen, bei denen es in der Mehrzahl darum geht, Bauflächen in wachsendem Umfang auszuweisen und dieser Umfang wird nicht immer durch ein landesplanerisches Gutachten bestimmt, sondern durchaus auch durch einflußreiche Wieseneigner und vom Planungsehrgeiz befallene Bürgermeister.
Damit ist eine Anzahl von Möglichkeiten angedeutet, die zu divergierenden Ergebnissen führen kann und darüberhinaus eine Reihe von Institutionen genannt, die das, was sie für richtig halten, gezeichnet und getextet zu Papier bringen. Daraus entstehen dann jene Pläne, gemäß Bundesbaugesetz, die wie der Flächennutzungs-

plan, als vorbereitender Bauleitplan, Bindungskraft gegenüber den beteiligten Trägern öffentlicher Belange oder wie der Bebauungsplan, als verbindlicher Bauleitplan, Rechtskraft gegenüber jedermann besitzen.

Mit diesen Plänen werden jene Ergebnisse präfixiert, die in zunehmendem Umfang zum Gegenstand kritischer Betrachtung in Rundfunk, Presse und Literatur erhoben werden und die negativen Urteile weisen immer wieder auf die fast kriminellen Versäumnisse der am Planungsprozeß Beteiligten hin. Mit diesen Ergebnissen wird demzufolge konstant demonstriert, was schlechte Planung und als Folgeerscheinung schlechter Städtebau ist. Auf der Basis der Erkenntnis und der Kenntnis der Faktoren, die zu schlechtem Städtebau führen, müßten demnach Konzepte und Planungen erarbeitet werden können, die unter Ausschaltung der bisherigen Fehler solche Ergebnisse hervorbringen, die als weitgehend befriedigend anzusehen wären und die bei ständiger Optimierung dem Betroffenen wieder jene heimatliche Geborgenheit bietet, die möglicherweise seiner Vorstellung von einer gelungenen Stadt entspricht.

Wie weit einzelne Faktoren, wie z. B. eintönige Fassaden und Stadtrandgebiete, zu kleine Wohnungen und zu hohe Mieten ihren Anteil an einem schlechten Städtebau haben und wie weit sie planerisch erfaßt und geändert werden müßten, das soll im folgenden einmal dargestellt werden. Weit verbreitet herrscht nämlich die Ansicht vor, daß die Umwandlung der genannten und nicht genannten kritisierten Faktoren zum Positiven gleichsam die Garantie für einen guten Städtebau bedeutet und alle politische Einsicht und Macht dafür eingesetzt werden muß, den Zustand wiederherzustellen, der heute mehr oder weniger verschwommen das Leitbild für eine gesunde Stadt darstellt.

Planer und Techniker stehen hier an einer Schwelle, die zu überschreiten nicht nur Mut bedeutet, sondern auch klare Vorstellungen von dem, was jenseits dieser Schwelle liegt. Noch orientiert man sich am Bestand und versucht, derzeitige Erkenntnis und technischen Fortschritt in diesen Bestand zu integrieren. Der Schritt nach vorn müßte der klaren Antwort auf die sinnvolle Frage folgen, ob gegenwärtige und künftige technische Möglichkeiten und gesell-

schaftliche Verschiebung, die hier nicht näher erläutert werden sollen, nicht grundsätzlich zu neuen städtischen Konzeptionen führen müßten, die von Anbeginn die Lösung der kritisierten Faktoren beinhalteten und den Fortbestand dessen, was man noch als Stadt bezeichnen kann und erhaltenswert ist, garantieren.
Solche Überlegungen sind aber von so weitreichender Konsequenz, daß ihnen im aktiven Planungsgeschehen kaum gegenübergetreten werden kann und die Beschäftigung von so bezeichneten Utopisten wird als wirtschaftlich nicht vertretbarer Luxus angesehen. Der Bestand ist im Augenblick der Hemmschuh künftiger Entwicklungen. Alle planerische Tätigkeit bedeutet derzeit noch, Variationen zu einem Thema zu erdenken und die Nuance bedeutet die Berücksichtigung einer auf welchem Gebiet auch immer gewonnenen Erkenntnis. Die Frage, ob Terrassenhaus oder welche Zahl der Geschosse, Massenverkehrsmittel unter der Erde oder Fußgängerzone sind längst keine planerischen Probleme mehr, sondern Notwendigkeiten, die aus dem Bestand resultieren und so lange wir mit diesem Bestand zu ringen haben, wird all unser Bemühen nur in der Abwehr von Unzulänglichkeiten bestehen, die aus diesem Erbe erwachsen.

II. Im Blickfeld der Kritik

1. Fassaden

Phantasielose Fassaden sind für die Mehrzahl der kritischen Betrachter städtebaulicher Ergebnisse der sichtbare Ausdruck schlechter Planung. Bekräftigt wird diese Annahme durch die ablesbare Gleichzeitigkeit von gestalterischem Niedergang und dem Spürbarwerden vorstädtischer Leblosigkeit und die Forderung einer »besseren« Gestaltung basiert auf der abgeleiteten Vorstellung, daß Schlafstadttristesse durch Erker und Gesims zu einem nicht geringen Teil ausgeräumt werden kann.
Versuchen wir uns daraufhin einen Augenblick lang vorzustellen, die als monoton empfundenen Fassaden würden durch erfreulichere ersetzt, was immer auch der einzelne darunter verstehen mag, Fassaden, die mindestens die zustimmende Anerkennung eines hohen Prozentsatzes der betroffenen Bevölkerung finden, was würde damit tatsächlich verändert oder verbessert? Die Schlafstädte blieben Schlafstädte, das kann ohne groß angelegte Beweisführung behauptet werden. Das von sozialen Wohnungsbaufassaden beleidigte Auge der fußwandelnden Betrachter wird vermutlich weniger Anlaß zu negativer Kritik finden, aber zur gewünschten Belebung eines als verödet bezeichneten Wohnbereiches wird eine derartige Kosmetik einen nur geringen Beitrag leisten.
Auch die »urbanen« innerstädtischen Regionen sind bekanntlich von langweiligen und nüchtern zweckmäßigen Fassaden durchwirkt und diese findet man nicht nur vereinzelt in bestehende ältere Bausubstanz eingestreut, sondern nicht selten als begleitende Kulisse ganzer Straßenzüge. Diese Verunstaltungen werden jedoch kaum wahrgenommen, da sie sich in den überwiegend schmalen Straßen

oberhalb des Betrachters türmen und dieser müßte ständig erhobenen Hauptes seines Weges ziehen, um die Außenhaut der umgebenden Bebauung abzutasten. Die eintönigen Flächen sind gleichsam dem Blickfeld entzogen, da der Mensch erfahrungsgemäß seine Umwelt in der Regel nur bis zu seiner Augenhöhe von etwa 1.60 m wahrnimmt.
Erst die nach neuerer Erkenntnis aufgelockerte Bebauung der Stadtrandbezirke, auf der Forderung einer gesunden Durchlüftung, Durchgrünung und Besonnung von Gebäudekomplexen basierend und in den Abstandsflächenregelungen der Länderbauordnungen manifestiert, rückte die glanzlosen Häuserfronten – und hier in ihrem erschreckend empfundenen Ausmaß – in den mit der Entfernung wachsenden Gesichtskreis des Betrachters.
Die Weiträumigkeit heutiger Bauauffassung beraubt den Menschen darüber hinaus des Gefühls der Geborgenheit und der Sicherheit. Sein natürliches Anlehnungsbedürfnis, zum Beispiel immer wieder dort zu beobachten, wo Besucher eines Restaurants zunächst die Plätze an den Wänden des Raumes belegen, findet keinen spürbaren Anhalt mehr und der verunsicherte Fußgänger empfindet seine Umwelt verstärkt befremdlich, wobei das Umbild seinem Unbehagen sichtbar Ausdruck verleiht.
Der Faktor Gestaltung soll damit nicht heruntergespielt werden, aber sein wahrer Stellenwert im städtebaulichen Gesamtkonzept ist unbestimmt und dieser kann auch kaum zutreffend eingeordnet werden.
Wo das Bild, das Image der Stadt, im Mittelpunkt der Kritik steht, da wird fast ausschließlich die reizlose Außenhaut der Baukörper angesprochen, die bildhaft flächige Kulisse am Straßenrand, aber die Möglichkeit einer gestalterischen Einflußnahme auf diese raumbildenden Wände ist weder durch verbindliche und glaubwürdige Regeln noch durch präzise Gesetze gegeben. Fassaden werden nach persönlichem Geschmack beurteilt, nach subjektivem Empfinden und nicht nach anerkannten oder prüfbaren Bestimmungen, wie beispielsweise dem goldenen Schnitt oder den aus der menschlichen Durchschnittsgröße von 1.83 m entwickelten blauen und roten Proportionsreihen von Le Corbusier, und auch farbige Gestaltung fin-

det in der Regel nicht ungeteilten Zuspruch, wie es die umfangreichen Versuche im Märkischen Viertel in Berlin aufwiesen.
Mit dem § 14, Absatz 3 der Musterbauordnung für die Bundesrepublik Deutschland[6] – Leittext der Bauordnungen der Bundesländer – sollte auf die städtebauliche Gestaltung durch die Baugenehmigungsbehörde Einfluß genommen werden können. Hier heißt es: »Die Gestaltung ist nach dem Empfinden des auf diesem Gebiet sachkundigen und erfahrenen Betrachters zu beurteilen«.
Dieser Passus wurde jedoch in die Mehrzahl der Länderbauordnungen nicht aufgenommen, da eine diktatorische Einwirkung auf die Gestaltung als enteignungsgleicher Eingriff vermieden werden sollte. Damit kann in den meisten Bundesländern »gute Gestaltung« nicht nur nicht durchgesetzt, es kann darüber hinaus auch Verunstaltung schwerlich verhindert werden.
Im Kommentar zur Bayerischen Bauordnung[7] heißt es beispielsweise: »Ob eine bauliche Anlage einwandfrei gestaltet ist und sich in die Umgebung einfügt, bestimmt sich nach dem Empfinden des für Fragen der Gestaltung aufgeschlossenen, urteilsfähigen, durchschnittlichen Betrachters.«
Damit wird das ästhetische Empfinden des gebildeten Durchschnittsmenschen als Beurteilungsmaßstab gefordert und dieses Empfinden ist wohl kaum faßbar und somit als Grundlage gestalterischer Empfehlungen unbrauchbar.
Was jedoch wahrhaftige Verunstaltung ist, das wird durch das Bundesverwaltungsgerichtsurteil vom 28.6.1955 Nr. IC 146.53 erläutert[8]. Hier wurde beschlossen: »Unter Verunstaltung ist ein häßlicher, das ästhetische Empfinden des Beschauers nicht bloß beeinträchtigender, sondern verletzender Zustand zu verstehen.«
Wie und von wem soll so etwas nachgeprüft werden? Hier wären selbst Psychologen und Mediziner mit Sicherheit überfordert.
Nehmen wir jedoch an, die Genehmigungsbehörden könnten auf die städtebauliche Gestaltung entscheidenden Einfluß nehmen, welche Ergebnisse wären dann wohl zu erwarten?
Das gestalterische Repertoire der Gegenwart hat sichtbar an Umfang verloren und Elemente wie Erker und Türmchen, Balluster und Skulptur gehören einer vergangenen Bauepoche an; das gilt es

ohne Resignation zur Kenntnis zu nehmen. Das Baugeschehen unserer Tage ist in wachsendem Umfang von Präfabrikation und Typisierung gekennzeichnet und demgemäß ist auch das Erscheinungsbild der Baukörper zunehmend durch Addition von Einzelelementen in der horizontalen wie auch in vertikaler Richtung bestimmt, wobei Typisierung und Vorfertigung nicht zwangsläufig Monotonie beinhalten. Die überwiegend geschlossene Bauweise der Innenstädte reißt in den Randzonen in eine Vielfalt verschieden hoher und langer Einzelgebäude auf, gemäß dem lauteren Bemühen in jede Wohnung keimtötende Sonnenstrahlen zu leiten und dem ruhebedürftigen Feierabendauge Wiese und Baum zu präsentieren. Die steinerne Stadt, das Schreckensbild der Jahrhundertwende, steht auf der Abbruchliste und wird abgetragen, ehe wir recht begreifen, daß damit zugleich das Leitbild unserer städtebaulichen Vorstellungen abgeräumt wird. Das gestalterische Vokabular unserer Zeit erschöpft sich, soweit es die Fassaden betrifft, in überwiegend genormten Fensterelementen, in Balkons mit häufig geringem Nutzwert, besteht in jüngster Zeit ergänzend aus zurückgestuften Loggien, aus vertikaler und horizontaler Klüftung und einer mutig leuchtenden Farbgebung.

Diese Einzelelemente füllen die Flächen bislang noch ungewohnter Dimensionen von beispielsweise zwanzig Geschossen und zuweilen mehreren hundert Metern in der Länge, und eine endlos scheinende Reihung vermittelt den Eindruck der Eintönigkeit, die Dimension etwas Beängstigendes. Der menschliche Maßstab wird beschworen ohne die glaubwürdige Beschreibung, was dieser menschliche Maßstab eigentlich ist. Ist er in den früheren Raumhöhen von etwa drei und vier Metern wiederzufinden – abgesehen von Schlössern und Burgen – oder in der von Le Corbusier propagierten Raumhöhe von 2.26 Metern, die aus der Größe des mitteleuropäischen Durchschnittsbürgers herausgeometrisiert wurde? Entspricht der erdgeschossige, der viergeschossige oder der achtgeschossige Baukörper menschlichem Maßstab? Die Antworten bleiben aus.

Gestalterische Qualität langfristig und verbindlich zu bestimmen und als Norm einem Genehmigungsverfahren zu unterlegen muß als nicht möglich angesehen werden und es ist deshalb ernsthaft zu

überprüfen, in welcher Form der gestalterischen Forderung überhaupt Rechnung getragen werden kann oder muß. Ist die Fassade wirklich noch ein städtebaulich bedeutsames Element, Zielscheibe von Emotion und Geschmack oder ist sie nur noch die Trennwand zwischen Wohnung und Außenwelt, Wärme- und Schallschutz, eine technische Haut, deren Form der Funktion folgt? Würden Straßen und Plätze daraufhin an »Urbanität« büßen und die Stadt der totalen Verödung preisgegeben sein? Auch hier keine Antwort.
Wir klammern uns an die Forderung nach belebender Gestaltung in der verzweifelten Annahme, den Städtebau damit verbessern zu können und wir setzen große Erwartungen in flächenhafte Kompositionen, so als könnten damit die oft nur unscharf formulierten Probleme heutiger Stadtbaukunst wenigstens zum Teil bereits gelöst werden.
Sind die sichtbaren Totems der ausgefransten Stadtrandzonen wirklich die vermuteten Ursachen bürgerlichen Unbehagens oder sind sie nur die greifbaren Zielpunkte angestauter Aggressionen des persönlichen Lebensbereiches?
Alexander Mitscherlich [9] gibt uns hierfür in seinem Werk ›Die Unfähigkeit zu trauern‹ einen deutlichen Hinweis, wenn er sagt: »Es ist ein geradezu signifikanter Zug an hochgestimmten Massenbewegungen, daß Aggression aus ihrem Binnenraum verschwindet und in der Verfolgung von Sündenböcken wieder auftaucht.«
Gehört die Frage der Gestaltung, gehören vielleicht noch andere kritische Punkte des Städtebaues zu diesen Sündenböcken, die wir beharrlich verfolgen, ohne damit auch nur einen Schritt der Lösung städtebaulicher Probleme näher zu kommen?
Die Antwort auf diese Frage bedeutete das Startzeichen für neue und glaubhafte Ansätze im Städtebau und wir sollten daher nicht länger zögern, eine Antwort zu suchen.

2. Wohnungen

Die Wohnung gehört fraglos zu den wichtigsten städtebaulichen Elementen und ihr gebührt daher auch höchste Aufmerksamkeit.

Hier gilt es ihre besonderen Merkmale, wie zum Beispiel Größe, Zuschnitt, Lage innerhalb eines Gebäudes und innerhalb einer Stadt, näher zu durchleuchten, um daraus möglicherweise verbindliche Erkenntnisse für planerische Konzepte zu gewinnen, die als Richtlinien für künftige Stadterweiterungen herangezogen werden können.

Die verschiedenen Untersuchungen und Beschreibungen städtebaulicher Wirklichkeit der jüngsten Zeit erbrachten immer wieder die weitgehend bekannten Resultate, daß nämlich die Wohnungen zu klein seien, unüberlegt aufgeteilt, zu teuer, zu hellhörig und von außen langweilig farblos. Die daraus abgeleiteten Forderungen sind naheliegend und müssen daher nicht mehr aufgeführt werden.

Gehen wir jedoch einzelnen Faktoren einmal nach, so stellt sich die berechtigte Frage, ob diese Forderungen, soweit sie sich tatsächlich realisieren lassen, zwangsläufig zu einem besseren städtebaulichen Ergebnis führen oder ob sie lediglich eine natürliche Reaktion auf die beobachteten Mißstände darstellen.

Die Größe unserer Wohnungen wird heute nicht allein vom Bedarf her bestimmt, sondern in erster Linie von den Faktoren Einkommen und Mietkosten. Als bekannte Faustregel für die zumutbare Höhe von Mieten galt lange Zeit der Satz von einem Viertel des Nettoeinkommens, der sich jedoch mehr und mehr auf ein Drittel zubewegt. Das monatliche Durchschnittseinkommen im Jahre 1971 lag in der Bundesrepublik Deutschland bei 1283,– DM Brutto. Daraus lassen sich Mietanteile von etwa 250,– bis 300,– DM errechnen, für die man heute nach den Wohnungsangeboten in der Tagespresse sogenannte Luxusappartements von etwa 25 qm findet, aber nur noch selten eine Wohnung mit bescheidenen 60 qm.

Nach dem Artikel 106 der Verfassung des Freistaates Bayern gehört die Wohnung zum Beispiel zu den Grundrechten des Volkes und dort kann man mindestens nachlesen:

»Jeder Bewohner Bayerns hat Anspruch auf eine angemessene Wohnung«.

Was ist aber tatsächlich angemessen? Eine Wohnung, die sich an einer Kopfzahl und persönlichen Bedürfnissen orientiert oder eine Wohnung, die nach dem Familieneinkommen geschnitten ist? Angemessenheit wird in der nachstehend wiedergegebenen Erläuterung zum § 5, Absatz 2 des Wohnungsbindungsgesetzes gedeutet[10]: Für die Bestimmung der angemessenen Wohnfläche ist in der Regel von den folgenden Wohnflächen auszugehen:

1-Personen-Haushalt	bis 45 qm
2-Personen-Haushalt	55 bis 60 qm
3-Personen-Haushalt	70 bis 75 qm
4-Personen-Haushalt	80 bis 85 qm
für jedes weitere zum Haushalt gehörende Mitglied	10 qm mehr.

Der Planer operiert mit einem Rechenwert von etwa 25 bis 30 qm Bruttogeschoßfläche je Person. Damit ist über die Wohnungsgröße noch nichts ausgesagt, aber erfahrungsgemäß lassen sich nach diesem Bruttowert Wohnungen erstellen, die je Bewohner durchschnittlich 20 bis 25 qm Nutzfläche ausweisen.
Der Soziologe Norbert Schmidt-Relenberg geht in seiner Schrift ›Soziologie und Städtebau‹[11] hinsichtlich Wohnungsgrößen und dafür vertretbare Miethöhen ins Detail. Er schlägt unter dem Thema »Pragmatisches Modell zur Wohnung« vor:
»... sollen versuchsweise einige operationale Angaben über zumutbare Miethöhen und Wohnungsgrößen, bezogen auf die Schichten, zusammengestellt werden.«
Schmidt-Relenberg gliedert die Bevölkerung nach dem Einkommen in Oberschicht, Mittel- und Unterschicht und die jeweils »zumutbaren Miethöhen und Wohnungsgrößen« staffeln sich folgendermaßen:

1. Oberschicht
   »Der Wohnraumbedarf für eine dreiköpfige Familie dürfte optimal ab 100 qm betragen, die zumutbare Miete mindestens 4,– DM pro qm ...«
   (das Durchschnittseinkommen liegt höher als 2000,– DM)
2. Mittelschicht
   »Der Wohnraumbedarf wird optimal bei 75 qm liegen. Als zumutbare Höchstmiete soll der gegenwärtige Höchstsatz im sozialen Wohnungsbau von 3,– DM pro qm zugrunde gelegt werden«.

(Mindesteinkommen 1000,– DM Höchsteinkommen 2000,– DM)
(Anm.: keine Angabe der Personenzahl; es sollen daher ebenfalls drei Personen angenommen werden.)

3. Unterschicht
»Der Wohnraumbedarf wird 65 qm für den dreiköpfigen Haushalt nicht überschreiten. Als zumutbare Miete muß wenigstens die gegenwärtige Untergrenze von 2,50 DM im sozialen Wohnungsbau angesetzt werden«.
(Einkommen: weniger als 1000,– DM)
(Anm.: Die Einkommen und qm-Preise sind für das Erscheinungsjahr des Buches, 1968, als gültig anzusehen. Die Mietkostenobergrenze im sozialen Wohnungsbau lag 1968 in Berlin bereits bei 3.75 DM.

Weitere Vorstellungen über ideale Wohnungsgrößen entwickelt der Soziologe H. P. Bahrdt in seinem Buch ›Humaner Städtebau‹[12]. Hier wird zu sämtlichen Raumarten der Wohnung festgestellt, daß sie im Hinblick auf eine vielgestaltige Möblierung und Nutzung größer sein müßten:
»Eine Dreizimmerwohnung mit Eßplatz, Küche, Bad und gesonderter Toilette dürfte dann mindestens 100 qm, wahrscheinlich etwas mehr erfordern. Solche Wohnungen sind für die Bezieher von durchschnittlichen Arbeiterlöhnen ... nicht erschwinglich. Trotzdem ... sind unsere Forderungen nicht utopisch. Falls es zu einer Wiederbelebung der Konjunktur und neuem Wachstum kommt und wenn gleichzeitig – endlich – eine durchgreifende Rationalisierung des Bauwesens gelingt, dann könnten unsere Wünsche in spätestens 10 Jahren, wahrscheinlich noch früher, leicht für die Masse der Bevölkerung erfüllbar werden.« Bahrdt stellt also fest: die Wohnungen müßten größer sein. Schmidt-Relenberg stellt ein bekanntes Prinzip heraus: wer mehr verdient, der kann auch besser wohnen!
Der »Wohnraumbedarf« für die Oberschicht entspricht nach seiner Gliederung der Vorstellung einer Wohnungsgröße für eine dreiköpfige Familie bei Bahrdt. Diese jeweils 100 qm sind jedoch nicht, wie es den entsprechenden Darstellungen zu entnehmen ist, auf die Basis einer tatsächlichen Bedarfsermittlung zurückzuführen, sondern sie sind Idealvorstellungen der Verfasser, abgeleitet aus den Gegebenheiten der Gegenwart und in eine von gesteigertem Bedarf gekenn-

zeichnete Zukunft interpoliert. Es wird für unwahrscheinlich angesehen, daß nicht mindestens ein Großteil der Bevölkerung längst um die unbestrittenen Vorteile einer etwas größeren Behausung weiß und wer würde nicht eine solche beziehen, wenn er sie sich auch leisten könnte. Bei heutiger Mietpreisforderung betragen die durchschnittlichen Kosten für Wohnflächen bekanntlich etwa 5,– bis 8,– DM und der Zeitpunkt, zu dem die 10,– DM-Grenze erreicht sein wird, ist bereits in greifbare Nähe prognostiziert. Eine 100 qm Wohnung wird dann mindestens 1000,– DM kosten und das dürfte auch für einen Teil der Oberschicht eine respektable Forderung sein.

Es hieße die Augen vor der Ralität verschließen, wollte man die Forderung nach größeren Wohnungen oder geringeren Mietkosten auf das städtebauliche Programm schreiben, in der absoluten Gewißheit, daß die Aussicht auf Verwirklichung ohne eine dirigistische Gesetzgebung nicht zu erhoffen und eine solche Gesetzgebung wohl kaum zu erwarten ist.

Natürlich kann man dem entgegenhalten, daß die augenblickliche Realität ja nicht unumstößlich ist, aber die Tatsache, daß man dieser Realität in den vergangenen Jahren bereits viele Zeilen gewidmet, aber keinerlei Veränderungen, jedenfalls keine positiven Veränderungen herbeigeführt hat, sollte doch endlich zu einer Neubestimmung des eigenen Standortes anregen!

Versuchen wir die Wohnungsgröße doch einmal unter einem anderen Aspekt zu sehen. Ein Haushaltsvorstand, der einer geregelten Arbeit außerhalb der eigenen Wohnung nachgeht, hält sich etwa zehn Stunden nicht in seinen Räumen auf. Bei weiterhin nachweisbar zunehmender beruflicher Tätigkeit von Hausfrauen verlassen auch diese in wachsendem Umfang die eigene Behausung und sollte uns darüber hinaus eine künftige Bildungspolitik die Ganztagsschule bescheren, so würden auch Kinder etwa acht Stunden außerhalb der eigenen Wohnung verbringen. Wohnungen stünden damit tagsüber weitgehend leer und sie brauchten nur noch ein »Feierabendsbedürfnis« sowie ein »Wochenendbedürfnis« zu befriedigen. Vorstellbar ist heute bereits, daß solche Wohnungen anders geschnitten sein können, als derzeit üblich und daß sie darüber hinaus nicht unbedingt größer sein müssen. Allein an einer solchen Überlegung läßt sich aufzeigen, wie müßig es ist, Idealgrößen von Wohnungen zu ersinnen, die lediglich eine gutgemeinte Verbesserung der augenblicklichen Situation darstellen.

Wenn der Psychologe A. Mitscherlich in seinem Aufsatz ›Psychologie im Städtebau‹[13] ganz pauschal feststellt:

»Mit deformierten Wohngewohnheiten meine ich ..., daß viele Wohnungssuchende sich für zu kleine Wohnungen entscheiden werden, weil die Größe der Wohnungen kein sichtbares Prestige verleiht und die Kosten für sie deshalb oft hinter den Kosten für andere Konsumgüter, insbesondere das Auto oder Reisen zurücktreten müssen«, so wäre dieser Behauptung einmal entschiedener nachzugehen.

Steht dahinter nicht vielleicht ein zunehmend schwindendes Interesse der Bevölkerung an der Wohnung? Geht es hier nicht um die Frage des persönlichen Kontaktes zur Behausung, so etwas wie Wohnkultur, die Fähigkeit zu wohnen? Ist möglicherweise die »Unfähigkeit zu wohnen« eine Folge einer zu geringen Wohnfläche oder ist die kleine Wohnfläche die konsequente Anpassung an die Unfähigkeit zu wohnen oder zeigt eine Tendenz in Richtung kleinerer Wohnung, die statistisch nicht zu belegen ist, gezwungenermaßen die Fähigkeit an, auch geringere Flächen zu bewohnen?

Eine Reihe von Fragen, die als bedeutsam und nicht beantwortet angesehen werden müssen.

Im Zusammenhang mit den zu kleinen Wohnungen wird oft die Forderung nach versetzbaren Trennwänden erhoben, verbunden mit der Vorstellung, der Grad der Zufriedenheit eines Mieters wächst, wenn er die Raumaufteilung seiner durchchnittlich 71 qm (Statistisches Jahrbuch für die BRD 1972) Nutzfläche gemäß eigenen Bedürfnissen und Wünschen vornehmen kann. Sollte damit die Unzufriedenheit tatsächlich weitgehend reduziert werden können, dann sollte man vielleicht demontable Raumteiler anbieten. Abgesehen von den Kosten wird der reale Nutzen jedoch als gering angesehen. Die Erfahrung aus dem Bereich des Bürobaues lehrt, daß einmal gesetzte Wände so selten versetzt werden, daß im Falle eines wirklichen Bedarfes der Abbruch und Wiederaufbau einer Steinwand geringere Kosten verursacht, als die hohe Investition für leichte Trennwände, die darüber hinaus schalltechnische Probleme mit sich bringen. Die ernsthafte Forderung solcher Wände kann also vordergründig nur die psychologische Wirkung im Auge haben, ähnlich wie in klimatisierten Großraumbüros, wo zuweilen Lüftungsflügel eingebaut werden, die nicht von den dort Tätigen geöffnet werden können. Wie vielfältig sind andererseits wirklich die Möglichkeiten der Verschiebung innerhalb einer etwa 80 qm großen Wohnung? Der Wohnungszugang sowie die Naßräume Küche, Bad und WC müssen wegen der Versorgungsleitungen als Fixpunkte angesehen werden. Mit dem Eingang ist auch der Flur weitgehend gebunden und damit sind etwa 20 qm festgelegt. Nur die Restfläche kann noch in drei oder vier Räume aufgeteilt und dem Festbereich sinnvoll zugeordnet werden. Die Variationsmöglichkeiten sind denkbar gering, die Kosten für die erforderlichen weitgespannten Deckenkonstruktionen und die Wandsysteme andererseits erheblich. Derartige Wandsysteme wären für große Wohnflächen noch verständlich, hier jedoch kaum erforderlich, bei kleinen Wohnungen dagegen nicht sehr sinnvoll.

Wohnflächen können auch entscheidend durch die Art der Möblierung verändert werden. Die volle Nutzung der Raumhöhe durch Schränke und Regale bedeutet erfahrungsgemäß einen Gewinn an Nutzfläche und hier öffnet sich ein weites Feld sowohl für Designer und die Möbelindustrie sowie für das durchschnittliche Einrichtungsgebahren der Bevölkerung.

Von zu kleinen Wohnungen kann also eigentlich nur dort gesprochen werden, wo finanzielle Gründe dazu zwingen Minimalflächen zu mieten. Veränderungen in diesem Bereich sind jedoch schwerlich durch stadtplanerische Maßnahmen herbeizuführen als vielmehr durch Änderung des Einkommens- oder Mietpreisgefüges. Die Spielräume für derartige Veränderungen sind jedoch hinreichend bekannt.

Zu kleine Wohnungen als Ursachen für Neurosen und Unzufriedenheit gelten als erwiesene Tatsachen. Ebenso können aber auch Wohnungen vorschnell als Ursachen für Unstimmigkeiten angesehen werden, deren Ursprung möglicherweise an anderer Stelle zu suchen ist. So kann die Folge eines geringen Einkommens eine kleine Wohnung sein, sie ist damit aber nicht zugleich Ursache einer daraus resultierenden Unzufriedenheit. Auf diese Weise sind Planungen und Gebautes in den letzten Jahren in zunehmendem Umfang zur Zielscheibe wachsender Kritik erhoben worden und hier waren es vornehmlich die an städtebaulichen Problemen interessierten Vertreter der Sozialwissenschaft, die in den Mittelpunkt ihrer Darstellungen Häuser und Wohnungen stellten und diese greifbaren Objekte besprachen, während der Mensch in diese Konglomerate nur hineingestellt und an ihnen gemessen wurde. Was dem Menschen nicht gefiel, das war schlecht. Er selbst galt als unantastbar.

War die durchschnittliche Wohnung jüngst vergangener Epochen, deren Bürger heute als zufrieden geschildert werden, größer als die Durchschnittswohnung unserer Zeit? Ist der Wohnflächenbedarf tatsächlich gestiegen oder steigen lediglich die Ansprüche der Bevölkerung, einer zunehmend als »Freizeitgesellschaft« bezeichneten Menschenschar, die sich zunehmend auf den Bereich außerhalb der Wohnung ausrichtet? Welcher Prozentsatz der Bevölkerung möchte wirklich eine größere Wohnung als die derzeitige und welcher Prozentsatz äußert sich zufrieden? Wieviele Menschen möchten mit ihrer Wohnung eigentlich nur ihren Standort wechseln?

Die Antwort auf den wahren Bedarf wird schwerlich zu finden sein, da wohl niemand seinen Wohnflächenwunsch für zu hoch angesetzt bezeichnen wird und selten das Vorstellungsvermögen ausreicht, auch auf kleinerer Fläche zu wohnen, und wer von den »Außenstehenden« wollte den glaubhaften Versuch wagen, einen allgemeinen Bedarf als Optimum zu formulieren?

Ein bestimmtes Minimum sollte dagegen nicht unterschritten werden, so wird es jedenfalls im II. Wohnungsbaugesetz, § 39, Absatz 1 gefordert, wenn dort steht:

Die Wohnfläche einer Wohnung soll in der Regel 50 qm nicht unterschreiten.

Ausnahmen sieht der § 39, Absatz 4–6 vor, denn dort heißt es:

Bei Wohnungen, die für Alleinstehende bestimmt sind, soll eine Wohnfläche von 40 qm nicht unterschritten werden.

Der frei finanzierte Wohnungsbau ist an dieses Gesetz nicht gebunden und so können weiterhin sogenannte Luxus-Appartements gebastelt werden, die mit weniger als 30 qm keine Seltenheit sind.
Planern und Planungsbehörden sagt Mitscherlich deformierte oder leichtfertige Vorstellungen nach, wenn er behauptet: »Wenn bereits in den Ausschreibungsbedingungen als Norm für kinderreiche Familien eine Dreizimmerwohnung gilt, dann wird von vornherein ein unwiderruflicher Planungsfehler begangen.«
Ausschreibungsbedingungen werden dem Planer in der Form eines Wohnungsschlüssels in die Hand gegeben, dem die Gesamtzahl der zu planenden Wohnungen, sowie der prozentuale Anteil verschiedener Wohnungsgrößen an der Gesamtzahl und die beabsichtigte Verteilung in diverse Gebäudeformen (freistehendes Einfamilienhaus, Reihenhaus, Geschoßbau) zu entnehmen ist, nicht jedoch die Art und Weise einer späteren Belegung. Es werden nicht Dreizimmerwohnungen für kinderreiche Familien gebaut, sondern es werden gebaute Dreizimmerwohnungen später mit kinderreichen Familien belegt oder von solchen gemietet, weil die finanzielle Lage nichts anderes gestattet. Wie und wo jemand wohnt, ist zu einem nicht geringen Anteil sichtbares Zeichen einer finanziellen Potenz. Wer es sich leisten kann, der zieht in eine größere Wohnung und in eine »bessere« Gegend, vorausgesetzt er hält es selber für erforderlich.
Größere Wohnungen oder bestimmte Wohnungsgrößen für bestimmte Bevölkerungsschichten bedeuten noch keine Verbesserung des Städtebaues, ebensowenig die häufige Forderung, ein reichhaltiges Angebot unterschiedlich großer Behausungen zu schaffen, sie bedeuten allenfalls eine gewisse Verbesserung der Wohnsituation, die sich statistisch bereits erkennbar ablesen läßt. So nahm die Durchschnittsfläche der neu erstellten Wohnungen vom Jahr 1961 bis 1970 von 72,13 auf 85,66 qm pro Wohneinheit um 13,53 qm zu, während im gleichen Zeitraum die Personenzahl je Haushalt von 2,88 auf 2,74 abnahm. Daraus errechnet sich pro Person eine Wohnflächenzunahme von 25,1 auf 31,3 qm. Damit werden also die Wohnungen nicht nur konstant größer, sondern es wächst auch der Wohnflächen-

anteil je Einwohner, soweit die Statistik hier eine zuverlässige Auskunft gibt.

Sind also wirklich als zu klein bezeichnete Wohnungen die Ursache von Unzufriedenheit oder ist es nicht viel mehr ihre Lage, die Lage in einem jener als trostlos empfundenen Stadtrandgebiete, aus denen es oft kein Entrinnen gibt?

Die bereits erwähnte umfangreiche Auswahlmöglichkeit hinsichtlich der Größe einer Wohnung und darüber hinaus hinsichtlich ihrer Lage, die die Möglichkeit der Optimierung der persönlichen Wohnverhältnisse bieten soll, ist mit Sicherheit nicht zu erwarten. Um diese Möglichkeit der Wahl zu bieten, muß das Wohnungsangebot die Nachfrage spürbar übertreffen und das nicht allein in der Zahl, sondern eben auch in bestimmten bevorzugten Bereichen und diese Bereiche werden verständlicherweise stets vollständig besiedelt sein. Das Überangebot an Wohnungen wird man demnach lediglich in den weniger attraktiven Gebieten finden und hier muß die Zahl der Wohneinheiten gewiß nicht über das notwendige Maß hinaus gesteigert werden.

Es geht also eigentlich mehr darum, für jede Wohnung diejenige ideale Umwelt zu schaffen, die der allgemeinen Vorstellung von idealer Umwelt entspricht. Die Wohnung am Park, am Hang, am See, mit guter Aussicht, mindestens jedoch ruhig gelegen und im Grünen, die Wohnung nahe am Einkaufsbereich, am öffentlichen Verkehrsmittel, nahe an Unterhaltungs- und Freizeitbereichen, ausreichend erschlossen, kurz: eine bevorzugte Lage. Sollten sich die genannten Attribute einer bevorzugten Lage tatsächlich als wesentliche Forderungen herauskristallisieren – und die Tendenz zeichnet sich ab – dann erhebt sich die Frage nach einem baulichen Gefüge, das jeder Wohnung eine solche als annehmbar empfundene Umwelt zu bieten vermag. Wenn einer Wohnung diese Umwelt geboten werden kann, so kann sie theoretisch auch allen anderen geboten werden, nämlich bei gleichwertiger Anordnung durch Stapelung und Reihung und wo natürliche Gegebenheiten, wie Seen, Hänge und Grünflächen, nicht vorgefunden werden, da könnten sie künstlich geschaffen werden. Städte zu erweitern hieße damit nicht nur Wohnungen und ihre Folgeeinrichtungen gemäß einem ermittelten Bedarf zu erstellen, sondern auch die Wohnumwelt entscheidend zu gestalten.

Doch abgesehen von den Kosten für derartige Projekte, die solche Überlegungen vorschnell in den Bereich der Utopie zurückweisen, wird hier eine totale Gleichmacherei befürchtet und der Mensch, der hinsichtlich seines Lebensbereiches einem gewissen Individualitätszwang unterliegt, wünscht seine »persönliche« Behausung. Allein die Vorstellung, daß tausend Nachbarn eine annähernd gleiche Wohneinheit beleben, auch wenn diese nach Größe und Zuschnitt als ideal anzusehen wäre, wirkt immer wieder befremdlich und beschwört das Gespenst der Vermassung. Führen aber solche Überlegungen zu einem besseren Städtebau? Diese Frage können wir bei allen Vorschlägen für Veränderungen und mögliche Verbesserungen stellen, und sie wird bestimmt so lange unbeantwortet bleiben, wie sie lediglich eine rhetorische Frage bleibt, der keine ernsthafte Untersuchung und kein Experiment folgt und selbst ein theoretisch ungewisser Ausgang berechtigt noch nicht zu praktischer Untätigkeit.

Eines müssen wir inzwischen feststellen, daß nämlich städtebauliche Resultate weiterhin im Blickfeld der Kritik stehen, obgleich die Wohnungen, wie bereits dargestellt, konstant größer wurden, und hier scheint sich abzuzeichnen, daß die Größe der Wohnfläche offensichtlich nur einen geringen Beitrag zur Verbesserung städtebaulicher Situationen leistet.

Müssen wir nicht vielleicht die vorstädtischen Kompositionen der letzten Jahre einmal in ihrer Gesamtheit in Frage stellen, hat der Gartenstadtmythos uns um das gebracht, was wir heute mit dem Begriff Urbanität zurückfordern, und können wir darüber hinaus nicht einige Anregungen aus dem urbanen Reservoir der noch funktionierenden Innenstadtbereiche schöpfen, statt immer wieder ideale Wohnungsgrößen zu ersinnen und Straßen zu verbreitern?

Hier wäre eine mutige und notwendige Untersuchung einzuleiten, ehe die städtebaulichen Unglücksfelder um weitere Quadratkilometer gewachsen sind.

3. Leblose Trabanten

Die größeren Neubaugebiete der Nachkriegszeit sind fast ausschließlich durch ein Attribut gekennzeichnet: Trostlosigkeit. Ob diese Trostlosigkeit die monotonen Fassaden sowie die zu lauten, zu kleinen und zu teuren Wohnungen einschließt, soll hier nicht weiter verfolgt werden. Ganz sicher ist damit gemeint: »es ist nichts los«, und die genannten Faktoren unterstreichen diese bedrückende Feststellung der Bewohner solcher Gebiete. Die planerische Absicht, durch Lockerung der Bebauung als Verbesserung einer als zu eng und zu dicht empfundenen innerstädtischen Blockbebauung und durch eine Begrünung dieser Anlagen die Forderung nach mehr Licht und Luft und Ruhe zu erfüllen, zeigt als nicht beabsichtigtes Ergebnis: Trostlosigkeit.

In diesen Neubaugebieten stoßen zwei Elemente aufeinander: das städtische Element, gekennzeichnet durch die überwiegende Geschoßbauweise, und das ländliche Element durch niedere Bebauung, durch Rasenflächen, Vorgärten, Kleingartengebiete und Grünzüge vertreten. Die Bereiche sind damit weder als Stadt noch als Land erkennbar; es ist der in guter Absicht unternommene Versuch, das Positive aus beiden Siedlungsformen herauszulesen und zu einem idealen Gebilde für den Aufenthalt von Menschen zu verschmelzen. Der Bewohner dieser Gebiete empfindet diese Zwitterstellung als unbefriedigend, aber sie entspricht durchaus seiner Vorstellung, im Grünen zu wohnen und dennoch nahe an der Stadt zu sein. Die bestehenden Unterhaltungseinrichtungen im städtischen Bereich sind zum Teil noch gut erreichbar, ihre Ausstrahlungskraft ist noch in dem angelehnten Wohngebiet spürbar, man vermißt noch nicht die Eckkneipe und das Café und man will in seinem Quartier auch schließlich seine Ruhe haben und nicht durch fröhlichen Gesang Angeheiterter oder durch nächtliches Autotürengeklapper gestört werden.

Mit dem ständig wachsenden Abstand zwischen Wohnung und »Stadt« läßt die Ausstrahlungskraft der zentralen Einrichtungen nach, etwa gemäß der physikalischen Erkenntnis, mit dem Quadrat der Entfernung. Die »Stadt« ist plötzlich nicht mehr das Feld der

täglichen Einkaufswege, sondern sie wird zum Wochenendziel. Der Bewohner ist mehr und mehr auf seinen unmittelbaren Wohnbereich angewiesen, und nun vermißt er jene Unterhaltungsstätten, die zu Synonymen für Urbanität wurden.
Der Mangel an solchen Unterhaltungseinrichtungen wurde durch das sich schnell verbreitende Massenmedium Fernsehen überbrückt. Mindestens das »Werktagsbedürfnis« konnte durch diesen Kulturträger abgedeckt werden. Zudem war es bequemer, zwangloser und billiger zu Hause vor dem Bildschirm sein Bier zu trinken, als in ein Kino zu gehen, anschließend vielleicht eine Wirtschaft aufzusuchen und dafür auch noch weit fahren zu müssen.
Die Bedeutung des Fernsehens wurde immer wieder unterschätzt, und Jane Jacobs [14] spricht sogar von einem Alibi, das sie mit einigen Beispielen wie dem folgenden zu widerlegen versucht: »Unter den Planern von Innenstädten und den Wirtschaftsgruppen, die mit ihnen zusammenarbeiten, kursiert das Märchen (oder Alibi) von den Amerikanern, die alle abends zu Hause bleiben, um vor dem Fernsehapparat zu sitzen ... Aber die Leute aus Cincinnati besuchen jährlich ungefähr ein halbes millionenmal das meist teure Nachtleben auf der anderen Seite des Flusses ...« Bernhard Schäfers [15] bemerkt dazu folgendes: »Um in Parenthese einen anderen Grund für die vielfach öden Eigenheimsiedlungen, die die Ursache der Zersiedelung der Landschaft sind, anzuführen und Gründe dafür zu nennen, daß sich noch kein spürbarer Exodus aus der Einsamkeit der Eigenheimzelle anbahnt, sei auf die Bedeutung des Fernsehens für unsere Wohnweise hingewiesen: Das Fernsehen macht die zellenartige Vereinzelung der Menschen und der Familien überhaupt erst möglich, indem es immer vorhandene Geselligkeits-, Informations- und Kommunikationsbedürfnisse sättigt, ohne daß dazu die Eigenheimzelle verlassen werden muß.«
Die Bedeutung des Fernsehens zeichnete sich in alarmierender Form in der Tatsache ab, daß bestehende Stadtrandkinos reihenweise geschlossen und durch Einkaufsmärkte ersetzt wurden, und diese Einkaufsmärkte stellten wiederum die Existenz des kleinen Eckladens in Frage.
War die Änderung bestimmter Gewohnheiten also eine Folge der

neuartigen Siedlungsform, oder wäre diese Veränderung auch eingetreten, wenn man in bekannter Bauweise die Stadterweiterung fortgesetzt hätte? Es soll hier kein Ratespiel betrieben werden, aber augenfällige Charakteristika der Randsiedlungen haben diese Entwicklung begünstigt. Die aufgelockerte Bebauung bedeutete eine Verringerung der Bevölkerungsdichte und eine Verlängerung der Wege zu den Versorgungs- und Unterhaltungseinrichtungen. Läden, Restaurants, Cafés und Kinos auf einen bestimmten zahlenmäßigen Einzugsbereich einer Bevölkerung angewiesen, wurden im Bevölkerungsschwerpunkt einer solchen bestimmten Zahl konzentriert, um von der Mehrzahl der Bewohner gut erreicht werden zu können. Die mit der Konzentration verbundenen längeren Wege für einen Teil der Bevölkerung führte zum stärkeren Gebrauch des Kraftfahrzeuges, es füllten sich die Fahrbahnen, und es leerten sich die Gehsteige, und es verminderte sich zunehmend die Neigung, diese »außer Reichweite« gelegenen Einrichtungen häufiger aufzusuchen als unbedingt nötig.

Die neuen Zentren wurden mehr und mehr rein kommerzielle Zentren, die nach dem Ladenschluß Verödung ausstrahlen. Die Unterhaltungsbetriebe der Innenstädte reichten für den Ansturm der Bevölkerung aus den Randzonen noch aus, da durch die Verringerung der Nachfrage auf der einen Seite der Einzugsbereich auf der anderen Seite erweitert werden mußte.

Soweit man die Ursachen der zunehmenden Verödung der neuen Wohngebiete in der Verringerung der Bevölkerungszahl sah, war die fast »natürliche« Reaktion die Forderung nach Verdichtung, und Verdichtung bedeutet bis heute immer noch: Erhöhung der Geschoßzahl!

Eine Erhöhung der Geschoßzahl bedeutet aber zugleich nach der Abstandsflächenregelung der Länderbauordnungen eine Vergrößerung der Abstände zwischen den Gebäuden.

Z. B.: Bayerische Bauordnung Art. 6: Abstandsflächen, hier: Abs. 3 Tiefe und Breite der Abstandsflächen

1. Die Abstandsflächen müssen vor Wänden mindestens so tief sein wie die halbe Wandhöhe...
2. Um die Aufenthaltsräume ausreichend zu belichten, müssen vor

notwendigen Fenstern (Fenster von Räumen, die dem ständigen Aufenthalt von Menschen dienen) die Abstandsflächen mindestens so tief sein wie die Wandhöhe.

Abstände zwischen Gebäuden entsprechen somit, bei Gebäuden mit mehr als drei Vollgeschossen (darunter Sonderregelung), der Addition ihrer Wandhöhen.

Mit einem erläuternden Rechenbeispiel soll nachfolgend die Auswirkung einer 100%igen Erhöhung der Geschoßzahl bei einer Grundstücksfläche von einem Hektar einmal aufgezeigt werden:

	Gebäude 1	Gebäude 2
Grundstücksfläche 1 ha	10 000 qm	10 000 qm
Geschoßzahl	4	8
Geschoßhöhe	2.75 m	2.75 m
Gebäudetiefe	12.00 m	12.00 m
Erforderliche Abstandsfläche zur Grundstücksgrenze	4 × 2.75 = 11.00 m	8 × 2.75 = 22.00 m
Erforderliche Grundstückstiefe nach der Abstandsflächenregel	12 + (2 × 11) = 34.00 m	12 + (2 × 22) = 56.00 m
daraus: mögliche Länge des Grundstückes	10 000 : 34 = 294 m	10 000 : 56 = 178 m
daraus: mögliche Länge des Gebäudes	294 –11 = 283 m	178 – 22 = 156 m
daraus: mögliche Zahl der Wohnungen (WE) bei 7.5 m Breite der WE	152 WE	168 WE
daraus: mögliche Zahl der Bewohner (EW) bei 3 EW je Wohnung	456 EW	504 EW
Differenz:	48 Einwohner je ha Nettowohnbaufläche	

Daraus ist deutlich ersichtlich, daß sich bei einer drastischen Erhöhung der Geschoßzahl um 100 % je Hektar Nettowohnbaufläche lediglich eine Verdichtung um 48 Einwohner ergibt, also um etwa 10 %, und diese Zahl dürfte in der Wirklichkeit noch geringer ausfallen, da Gebäudelängen von 156 m oder gar 283 m relativ selten sind, und bei kürzeren Gebäuden sich die seitlichen Abstandsflächen noch stärker auswirken.

Durch die Vergrößerung der Abstände werden auch die Rasenflächen zwischen den Gebäuden erweitert und diese grünen Flächen, in der Regel mit Hinweisschildern »Rasen betreten verboten« geschmückt, sind die »Todesstreifen« des heutigen Städtebaues. Sie isolieren die Baukörper mit wachsender Ausdehnung immer mehr voneinander, die Gebäude stehen als einsame Wohnklötze auf Wiesen und bieten über diese Wiese den Anblick eines weiteren Klotzes.

Kann die Erhöhung der Besiedelungsdichte wirklich zur Belebung städtischer Wohnbereiche beitragen?

Hinter einer hohen Dichte-Zahl steht die große Hoffnung. Die Wahrscheinlichkeit ist größer, daß sich mehr Menschen zu bestimmten Zeiten an bestimmten Orten aufhalten werden. Es werden vermutlich mehr Bewohner eines Gebietes die zugänglichen Grünflächen bevölkern, sich auf dem Wege zum Zentrum befinden und eine bessere Voraussetzung für die Einrichtung eines Cafés darstellen, aber es bleibt bei der Vermutung, soweit die genannten Einrichtungen einer gewissen Attraktivität entbehren. Es könnten somit auch mehr Menschen einer solchen Einrichtung fernbleiben. Jane Jacobs [16] nennt einen Dichtewert, von dem an etwa städtisches Leben zu erwarten ist:

»... könnte man unverbindlich 250 Wohnungen auf den Netto-Hektar als Richtzahl für den Punkt nehmen, in dem meist die Gefahr der Zwischen-Dichte gebannt ist. Für eine allgemeine Regel muß jedoch diese Norm als zu niedrig befunden werden.«

Der maximale Dichte-Wert im Märkischen Viertel in Berlin liegt bei 184 Wohneinheiten pro Netto-Hektar, er liegt damit also in dem Bereich der Zwischen-Dichte und könnte als eine Ursache für jene immer wieder beschriebene Öde angesehen werden. Doch bis heute liegen keine durch Untersuchungen erhärtete und als Richtschnur verwendbare Fakten vor, die auf den engen Zusammenhang zwischen Dichte und Lebendigkeit hinweisen. Denn könnte man beispielsweise diesen Wert von 250 Wohnungen (ca. 750 Einwohner) je Hektar-Nettowohnbaufläche als Schwellenwert für die sogenannte Urbanität bestätigen, dann könnte städtisches Leben bereits durch die Festsetzung von Dichte-Zahlen initiiert werden. In der Charta von Athen [17] lesen wir die Forderung:

»... Die Bevölkerungsdichte einer Stadt muß von den Behörden diktiert werden.«

Zwar stand dahinter die Absicht, die als zu hoch angesehenen innerstädtischen Dichte-Werte zu verringern, optimale Dichte-Werte waren jedoch nicht bekannt und sie sind es bis heute nicht. Ein Dichte-Wert ist ein rechnerischer Planungswert, ein Vergleichswert. Ein Dichtewert ist aber noch kein Wert, mit dem man »Städtebau« macht oder unmittelbar Urbanität auslöst. Hier wird oft von der Vorstellung ausgegangen, daß die Lebendigkeit bestimmter funktionierender Bereiche auch eine Folge der dort ermittelten Dichte ist und wenn ein solcher Wert in einem neuen Plangebiet als Richtwert angesetzt wird, dann ist eine wesentliche Voraussetzung für Urbanität gegeben. In ähnlicher Weise wird oft von der Annahme ausgegangen, daß eine bestimmte Bevölkerungsstruktur Voraussetzung für städtisches Leben ist und es wird daher die Struktur für »gesund« gehaltener Gebiete ermittelt und als Leitbild einer neuen Siedlung unterlegt. Gemäß einem Kochrezept möchte man hier aus faßbaren Einzelelementen ein beseeltes Ganzes zusammenfügen.

Dichte-Werte und Bevölkerungsstrukturen auf die neuen Besiedelungsformen übertragen, ergeben sicher etwas anderes als in den Bereichen, in denen sie ermittelt wurden. Auch wenn heute bereits entsprechende Erhebungen in neueren Siedlungsgebieten durchgeführt wurden, sind diese Bestandsaufnahmen mit Vorsicht zu betrachten. Die Bevölkerungsstruktur eines neuen Wohngebietes wird am Anfang gegenüber älteren Gebieten bereits unterschiedliche Merkmale aufweisen, so z. B. in der Altersstruktur, die sich jedoch im Laufe der Zeit durch die übliche Bevölkerungsbewegung verwischen.

Was läßt sich planerisch gegen die Trostlosigkeit unternehmen, wird man an dieser Stelle mit Recht fragen.

Die Verödung der Stadtrand- und Trabantensiedlungen wird heute zum nicht geringen Anteil auf die Monofunktion ihrer Teilbereiche zurückgeführt. Die »Gesundung« der Städte wurde lange Zeit in der Trennung ihrer Einzelfunktionen – Wohnung, Arbeitsplatz, Freizeit und Verkehr – gesehen. Nicht selten wird in diesem Zusammenhang die Charta von Athen genannt, die den Anstoß zu dieser klaren Trennung der Flächennutzung gab, doch neuere Erkenntnis rät zu einer stärkeren Funktionsmischung. Die reinen Wohngebiete, die in die »Natur« geschobenen Schlafplätze des Städters, sollen wieder in größerem Umfang mit Arbeitsplätzen angereichert werden, damit Leben in diese Bereiche zurückkehrt, damit weiterhin arbeitswillige Hausfrauen in unmittelbarer Nähe ihrer Behausung die Möglichkeit beruflicher Tätigkeit geboten bekommen und damit das Quartier nicht nur zweimal täglich von den Pendlern belebt, sondern ganztägig von dem Hauch geschäftlichen Treibens beseelt wird.

Stellen wir dieser »neueren« Erkenntnis einige Sätze aus der »Charta«[18] gegenüber, deren Ursprung auf das Jahr 1933 zurückgeht, dann lesen wir etwa folgendes:

III. Arbeit, 1. Untersuchungen

41. ...»Der Bruch mit der alten Arbeitseinteilung hat uns eine unaussprechliche Wirrnis geschaffen und ein Problem aufgeworfen, an dessen Lösung bis jetzt nur herumgepfuscht worden ist. Daraus entstand das große Übel unserer Zeit: das Nomadentum der Arbeitsbevölkerung.»

42. »Die Verbindung zwischen Wohnung und Arbeitsplatz ist nicht mehr normal; sie zwingt zur Bewältigung übermäßig weiter Wege.«

Die Forderung jener Zeit lautet daher:

46. »Die Entfernungen zwischen Arbeitsplatz und Wohnort müssen auf ein Minimum reduziert werden. ... Die Industriestädte müssen also, anstatt konzentrisch zu sein, linear angelegt werden.« Diese Forderung wurde bis heute noch nicht einmal theoretisch so weit auf bestehende Stadtgebilde übertragen, daß auf deutlich sichtbare Vor-oder Nachteile hingewiesen werden konnte.

Nehmen wir inzwischen zur Kenntnis, daß seither etwa 40 Jahre

verstrichen und diese Sätze uneingeschränkt ihre Gültigkeit haben. Natürlich müssen wir einschränkend hinzufügen, daß durch einen häufigeren Arbeitsplatzwechsel dieser Forderung nach einem kurzen Weg zwischen Wohnung und Arbeitsplatz nur durch einen ebenso häufigen Wohnungswechsel entsprochen werden kann, doch damit eventuell verbundene Schwierigkeiten sollten nicht von Anbeginn eine derartige Konzeption ausschließen.
Es bleibt die Frage, ob durch eine stärkere Einstreuung von Arbeitsplätzen die als leblos bezeichneten Gebiete tatsächlich wieder beseelt werden können.
Wenn diese Plätze den geplanten Zentren zugeordnet werden, so läßt sich ohne Beweisführung sagen, wird das Zentrum zunächst einmal größer und damit auch derjenige Bereich, den wir abends als verödet und verlassen ansehen. Arbeitsstätten – und hier sind überwiegend Büros und nicht störende, kleinere Gewerbebetriebe angesprochen – sind nach außen hin wenig Urbanität initiierende Einrichtungen, sondern solche, die dort, wo sie installiert werden, ein höheres Verkehrsaufkommen verursachen und wir werden uns kaum dazu entschließen können, ein höheres Verkehrsaufkommen als Synonym für Lebendigkeit zu erklären. Durch weiter zunehmende Arbeitszeitverkürzung (eventuell dreitägiges Wochenende) werden diese Orte zudem in immer geringeren Zeitabständen aufgesucht werden. Es verbleibt also die für einzelne vielleicht angenehme Möglichkeit, im eigenen Quartier arbeiten zu können und damit die Wahrscheinlichkeit, daß diese ihren Arbeitsplatz wieder zu Fuß aufsuchen werden. Ein planerisch irrelevanter Faktor. Betriebe im Quartier verstreut anzuordnen, ist von bestimmten Größenordnungen an wenig sinnvoll, da der günstige Anschluß an ein Massenverkehrsmittel nicht mehr gewährleistet werden kann und gute Erreichbarkeit ist bei der Wahl des Arbeitsplatzes immer noch ein wesentlicher Gesichtspunkt für Beschäftigte. Aus diesem Grund meidet auch ein Unternehmer bereits bestimmte Standorte. Auf gewisse Schwierigkeiten, die Wohnung in der Nähe seines Arbeitsplatzes zu wählen, wurde bereits hingewiesen. Der Trend in Richtung Eigentum als Wohnung oder Haus steht einer solchen Entwicklung ebenfalls entgegen, da die Wohnmobilität zunehmend geringer wird.

Was bedeutet eigentlich heute noch Nähe? Fahrzeiten bis zu einer Stunde werden bereits ohne größere Bedenken hingenommen und eine Stunde können 10 km innerhalb einer Stadt oder auch eine Zugverbindung wie die zwischen Hamburg und Bremen (ca. 120 km) in Anspruch nehmen. Entfernungen werden kaum noch in Kilometern angegeben, sondern in wachsendem Umfang in Fahrzeiten. Die Wegezeit zwischen Haustür und Arbeitsplatz ist der persönliche Distanzmesser und der kann städtebaulich schwer erfaßt werden, allenfalls für Massenverkehrsmittel. Es bleibt also am Ende eine Mehrzahl von Angeboten und Arbeitsmöglichkeiten in unmittelbarer Nähe der eigenen Behausung.
Auf Punkte, wie zunehmende Spezialisierung und damit stärkere Bindung an bestimmte Bereiche, aber auch eine denkbar stärkere Lösung vom Arbeitsplatz in der bisherigen Form, soll hier nicht mehr näher eingegangen werden. Lediglich ein Faktor kann nicht unerwähnt bleiben: es möchte nahezu jeder seinen Wohnort selber bestimmen können und nicht in bestimmte Gebiete gezwungen werden. Hier wird sofort auf die persönliche Freiheit gepocht, den Wohnbereich frei zu wählen, die mit der Freizügigkeit nach Artikel 11 des Grundgesetzes jedermann zugebilligt wird, die aber auch nach dem Absatz 2 dieses Artikels » ... durch Gesetz für die Fälle eingeschränkt werden kann, wo eine ausreichende Lebensgrundlage nicht vorhanden ist und der Allgemeinheit daraus besondere Lasten entstehen würden.«
Die Voraussetzungen, das Recht auf Freizügigkeit einzuschränken, könnte man beinahe als gegeben ansehen.
Erwerbstätige jedoch in der Nähe ihrer Arbeitsplätze anzusiedeln, kann nur als geringer Beitrag zur Belebung eines Wohngebietes gewertet werden. Die »Gefahr« ist zu groß, dem Arbeitskollegen auch außerhalb der Dienstzeit zu begegnen und damit ist die gewünschte Anonymität der Großstadt nicht mehr gewährleistet und man ist darüber hinaus noch stärker an sein Quartier gebunden. Die tägliche Fahrt in die Stadt und durch die Stadt bedeutet ja bereits Erlebnis. Baustellen, Verkehrsunfälle usw. sind jene kleinen Abwechslungen, von denen man am Abend berichten kann. Die Entdeckung eines neuen Cafés und einer günstigen Einkaufsmög-

lichkeit erschließt dem Bewohner benachbarte Bereiche, damit umfassendere Ortskenntnis und damit die Sicherheit des Ansässigen.
Die Ansiedlung von Erwerbstätigen in der Nähe der Arbeitsplätze führt in stärkerem Umfang zu Ghettobildungen und aus diesen Ghettos wird der einzelne auszubrechen versuchen, um neue Gesichter und Einrichtungen kennenzulernen. Bahrdt [19] weist darüber hinaus auf die Gefahr hin, daß durch Planung erzwungene Mischung zu Spannungen und Aufrichtung künstlicher Schranken führen kann. Die Absicht im Hintergrund, das städtische Verkehrsaufkommen zu reduzieren, muß somit auf der Skala der Wertigkeiten einzelner Faktoren als nachgeordnet angesehen und auf andere Weise gelöst werden.
Denkbar aber ist auch folgendes: Firmen erstellen in der Nähe ihrer Arbeitsplätze Wohnungen, die sie ihren Angestellten billig zur Verfügung stellen. Auf diese Weise wird sich möglicherweise ein Großteil der Erwerbstätigen zwanglos in die Nähe der Arbeitsstätten begeben.
Ob sich aber grundsätzlich durch die engere Verknüpfung von Wohnung und Arbeitsstätte Urbanität einstellt, muß bezweifelt werden, denn ein wesentlicher Faktor städtischen Lebens ist der Mensch und sein persönlicher Beitrag ist von Bedeutung. Der Planer kann Utensilien und Kulissen zur Verfügung stellen und immer wieder beobachten lassen, ob sein Anteil am Gesamtgeschehen als fördernd oder behindernd gedeutet werden muß, aber die Kulisse ist nicht Voraussetzung für städtisches Leben.
Die Forderung nach Eingliederung von Arbeitsstätten in die Wohnbereiche ist die Folge der Annahme, daß die strikte Trennung der Funktionen arbeiten, wohnen usw. die Ursache der Verödung der einzelnen Bereiche ist. Die Annahme beruht auf der Feststellung, daß in jenen älteren Stadtbezirken, in denen eine bestimmte Funktionsmischung noch nachgewiesen werden kann, auch Urbanität vorhanden ist und die Übernahme dieser Mischung auch die Übernahme der Urbanität bedeutet. Aus der langjährigen Forderung nach Funktionstrennung erhebt sich nunmehr die Forderung nach Multifunktion. Ein weiterer Faktor, der auf Rückkehr zu früherer städtebaulicher Praxis hinweist. Die Entfernung von den alten

Konzeptionen brachte das Ergebnis Verödung, eine erneute Annäherung soll diesen Faktor ausmerzen. Doch den neuen Planungen fehlt das, was man als »städtebauliches Gewürz« bezeichnen könnte, das Gewachsen-Sein, die Patina mindestens einer Generation. Das gegenwärtige Bautempo wird als jener Virus angesehen, der ebenfalls als eine Ursache der kranken Vorortbilder zu nennen ist. Das geringere Expansionstempo früherer Zeit ließ dem Einzelnen mehr Zeit, sich an neue Situationen, an seine neue Umwelt zu gewöhnen. Heute besteht offensichtlich eine Phasenverschiebung zwischen dem Erstellen einer Anlage und ihrer Integration in die tägliche Vision eines Bewohners. Gewöhnung ist am Ende ein Faktor, der die Wogen der Erregung glättet. Bedeutet Gewöhnung aber Resignation und das Zurkenntnisnehmen der Ohnmacht des einzelnen gegenüber dieser Reißbrettumwelt oder bedeutet es das Sich-Eingelebt-Haben, mit seiner neuen Umgebung vertraut sein. Elisabeth Pfeil [20] ermittelte Werte, die über einen langsamen Gewöhnungsprozeß Aufschluß geben. Sie stellte fest:

»Wir sehen deutlich das allmähliche Hineinwachsen in den Stadtteil: Nach einer Wohndauer von

2 Jahren haben nämlich nur	27 % Kontakt im Stadtviertel
3–12 Jahren schon	64 %
13 Jahren und mehr	75 %«.

Kontakt im Stadtviertel bedeutet auch Kontakt zum Stadtviertel. Die Äußerlichkeiten treten in den Hintergrund, an ihre Stelle treten Dinge, die das städtische Leben stärker prägen. Die Wiederbelebungsversuche der Stadtrandbereiche muten jedoch eher abenteuerlich als wissenschaftlich fundiert an. Die planerischen Forderungen werden aus Bestandsaufnahmen herausgelesen und lassen lediglich die gutgemeinte Absicht erkennen, einen Mißstand zu beseitigen. Noch ist der Planungsprozeß von den drei Phasen: erkennen, realisieren, beurteilen, gekennzeichnet und es sollte eine Umstellung dieser Reihenfolge angestrebt werden: erkennen, beurteilen, realisieren.

Es mangelt an Fachkräften, die die Folgen von bestimmten Maßnahmen rechtzeitig durchzurechnen verstehen und die die Bandbreite der Auswirkungen abzustecken vermögen. Noch werden Wohn-

klotz und Wiese in ein gesundes Verhältnis gebracht und anschließend versucht der Sozialwissenschaftler zu ermitteln, was daran falsch war.
Wenn an dieser Stelle vielleicht einzelne Beteiligte äußern, daß alles so einfach nicht ist und daß man bereits erheblich intensiver den Ursachen nachgeht, so ist dieses nicht zu bestreiten, aber die Ergebnisse lassen zuweilen die berechtigte Frage zu, ob Aufwand und Ergebnis noch in einem gesunden Verhältnis zueinander stehen. Der Bebauungsplan am Ende einer interdisziplinären Exkursion zeigt keine wesentlichen Veränderungen gegenüber früheren Plänen. Aus den rhythmisch geordneten Wohnstangen der 50er und 60er Jahre wurden geklüftete Wohnwürste, die Geschoßzahlen stiegen und vereinzelt wurden Balkons zu Terrassen geweitet!
So werden das gestalterische Repertoire und die planerischen Möglichkeiten immer mehr verfeinert, um einer Wohnbevölkerung Einrichtungen zu installieren, die als Katalysatoren für Urbanität dienen sollen. Doch was sind diese Einrichtungen ohne den belebenden Faktor Mensch. Der Mensch möchte etwas geboten bekommen, es muß etwas los sein. Das Fernsehen hat ihn zum Zuschauer geprägt, der im bequemen Sessel sitzt und guckt und sein Programm selber bestimmt. Es wird Aktion und Abwechslung gewünscht. Wo sich viele Menschen aufhalten, da ist etwas los (denn sonst wären ja nicht so viele da!) und man geht dort hin, wo etwas los ist, nämlich zu den traditionellen Sammelpunkten menschlicher Freizeitgestaltung. Die sogenannten Kommunikationsbereiche der Neubaugebiete werden heute für einen reduzierten Bedarf dimensioniert. Es handelt sich hier um das Vorhalten von »Freizeiteinrichtungen« für einen Spontanbedarf, deren Existenz für das Kennenlernen von Menschen nur untergeordnete Bedeutung hat, wie Karolus Heil [21] in einer statistischen Auswertung eigener Erhebungen nachzuweisen versucht. Die Stadtrandgebiete dehnen sich weiterhin aus und da diese als monoton und leblos zu bezeichnen sind, so muß zunächst einmal festgestellt werden, daß sich Monotonie und Leblosigkeit konstant ausbreiten. Die Wiederbelebungsversuche, die von der Rückschau auf die als lebendig angesehenen älteren Stadtbereiche über die ratsuchenden Fragen an das Sachgebiet der Sozialwissen-

schaft bis hin zu der neuerdings versuchten Bürgerbefragung und -beteiligung reichten, zeigen noch nicht einmal den Ansatz eines Konzeptes. Weder die »gesunde« Mischung der Bevölkerung und der Baukörper, noch die beruhigende Einstreuung von Chlorophyll oder das Einstanzen von leistungsstarken Pisten haben hier zu Ergebnissen geführt, aus denen sich eine verbindliche Grundregel ableiten ließe, die ein Mindestmaß von sogenannter Urbanität garantierte.

Eine Erfahrung läßt sich dagegen verzeichnen, nämlich die Tatsache, daß sich der Mensch an seine Umgebung gewöhnt. Der Mensch muß in seine neue Umgebung ebenso einwachsen, wie ein eben gepflanzter Baum. Erst wenn er Fuß gefaßt hat, kann er sich entfalten.

Wäre aber demnach alle Stadtkritik nur die spontane Äußerung des ersten Augenblicks und im Grunde alles gar nicht so dramatisch? Könnte man so gesehen nicht auf den Faktor Gewöhnung vertrauen? Ein gefährlicher Aspekt, der die ergänzende Frage zuläßt: vertrauen wir nicht umgekehrt zu sehr auf das Gewohnte als Leitbild einer Kritik?

Das Gewohnte wird zum Maßstab unserer Betrachtungsweise und die Qualität des Neuen bestimmt sich aus dem Grad der Abweichung von der bewährten Situation. Das Neue wird von der lauteren Absicht bestimmt, zu verbessern, und der Versuch einer Verbesserung wird jeweils dort unternommen, wo sich offensichtliche Mißstände abzeichnen.

Der kontinuierlichen Ausweitung der Städte ist wohl kaum eine Alternative entgegenzusetzen. Vereinzelt wird zwar versucht, die Expansionsgeschwindigkeit durch Verdichtung zu verringern, aber die Städte werden auf diese Weise lediglich etwas langsamer groß. Es gibt kein absehbares und kein begründetes Ende von Städten und es gibt keine planerisch als sinnvoll gesteuerte Fließrichtungen.

Dabei sind die expansionsfähigen Millionenstädte der BRD mit ca. 1,8 Mio (Hamburg) und 1,3 Mio (München) Einwohnern gegenüber den Metropolen, wie z. B. London, Tokio und New York mit ca. 4,5, 9,0 und 8,0 Mio Einwohnern[22] (Stadtgebiet) ja fast noch »überschaubare« Größenordnungen. Eine Verdoppelung der Bevölke-

rungszahlen von Hamburg und München, die, bei derzeitigem Zustrom in diese Ballungsräume, in einen übersehbaren Zeitraum fällt und bei Fortsetzung heutiger Siedlungsweise, für die es augenblicklich keine realisierbaren Alternativen gibt, werden zu Ergebnissen führen, die sich von Fachleuten jetzt bereits berechnen ließen.
Der Blick in die nächste Zukunft soll hier jedoch nicht dramatisiert werden, auch wenn solche Zukunftsvisionen ein auslösendes Moment für rechtzeitige Maßnahmen darstellten, die zu möglicherweise erforderlichen Kursänderungen führen könnten.
Doch welche Richtung könnte eine derartige Kursänderung einschlagen? Die traditionellen städtebaulichen Grundelemente Wohnung, Haus, Straße, Grünfläche werden voraussichtlich auch in jeder neuen Konzeption die Grundelemente bleiben, so daß mit sensationellen Entwicklungen nicht zu rechnen ist. Auch wenn das Trennwandsystem einer Wohnung veränderbar und verschiebbar sein sollte, so bleibt doch der nach außen hin abgeschlossene und begrenzte Behälter und die Stapelart dieser Behälter zu Einzelgebäuden oder großflächigen Wohnhaufen, wie z. B. Trichter oder Hügel oder Gitterstrukturen, stellen zunächst nur eine Erweiterung des Formenkatalogs auf der Basis technischer Möglichkeiten dar. Erschließung und Grünverteilung könnten funktions- und wunschgerecht dimensioniert werden, damit sie den Wünschen der Mehrzahl der betroffenen Bevölkerung entsprechen. Der Mensch wird mit Sicherheit künftighin in ein technisch perfektioniertes Stadtsystem eingestellt werden, in dem auch die Idylle ein Rechenfaktor sein wird, der Planer muß nur noch eine Rechenmethode für die Vielzahl der Faktoren entwickeln. Dieser Rechenmethode muß jedoch eine Kenntnis zugrunde liegen, nämlich die Kenntnis der Tatsache, was eigentlich guter Städtebau ist.
War es Städtebauern und Architekten bislang versagt geblieben, auf diese Frage eine glaubwürdige Antwort zu geben und konnten auch die zu Rate gezogenen Disziplinen hier noch keine glaubwürdigen Vorschläge aufzeichnen, so befragt man heute den Benutzer dieser Städte, der als Steuerzahler Wünsche äußert und Forderungen stellt und in der Reihenfolge dieser Wünsche und Forderungen steht der Punkt Verkehr an oberer Stelle.

4. Überfüllte Straßen

Die städtischen und inzwischen auch die außerstädtischen Verkehrsadern sind überlastet. Das ist die simple Darstellung eines Problems, das zu lösen als Aufgabe der Verkehrsplanung angesehen wird. Sie sind überlastet bedeutet: die Straßenquerschnitte sind den Verkehrsaufkommen nicht mehr gewachsen und die daraus abgeleitete, für viele so naheliegende Erkenntnis lautet: Erweiterung der Querschnitte, und die ergänzende, weiterreichende Überlegung gebietet offensichtlich den Ausbau der Massenverkehrsmittel und damit eine Entlastung der Straßen. Derartige planerische Reaktionen stellen zunächst einmal eine Abwehrmaßnahme dar, die der drükkenden Tatsache der Überlastung Rechnung tragen soll und das verschiedentlich auch tut, aber diese Maßnahmen sind nicht auf die Ursachen des Problems gerichtet und ihre Auswirkungen daher nur von begrenzter Dauer. Die Ursache einer zumindest zeitweiligen Überlastung, ein permanent wachsendes Verkehrsaufkommen zwischen bestimmten Quell- und Zielbereichen, wird zwar ständig beobachtet, bleibt aber offensichtlich ein Phänomen, dem man hilflos gegenübersteht. Bestimmte Straßenbreiten (Zahl der Fahrspuren) lassen bei bestimmten zulässigen Geschwindigkeiten nur eine bestimmbare Anzahl von Kraftfahrzeugen passieren und das bedeutet im Hinblick auf eine einwandfreie Funktion eine zulässige Obergrenze der Belastung und diese Obergrenze stellt das Verkehrsaufkommen eines fest umreißbaren Gebietes mit einer bestimmten Struktur dar. Spielte sich nun der gesamte Verkehr eines solchen Gebietes innerhalb fester Gebietsgrenzen ab, ohne jegliche Einflüsse von außen oder nach außen, so könnte man von einem geschlossenen System sprechen, solche Systeme beinhalten jedoch eine nur in abgesteckten Grenzen mögliche Veränderbarkeit, damit die beabsichtigte Funktionstüchtigkeit nicht gefährdet wird. Unsere Städte können jedoch nicht als geschlossene Systeme bezeichnet werden, da ihnen das Prinzip der permanenten Addition unterliegt. Diese Additionen, in der Regelform zentrifugaler Anlagerungen, können verkehrsplanerisch als Tatsache erneuter Belastungen des bestehenden Netzes zur Kenntnis genommen werden und sie führen bei kritischer Belastung bedeutender Verkehrsadern zu Querschnitts- und Knotenzählungen, Analysen, Prognosen und Befragungen, die als Ergebnis Dringlichkeiten signalisieren und diese Dringlichkeiten beinhalten in der Regel die Forderung, existierende Profile, wo noch möglich, neu zu dimensionieren oder parallele Straßenzüge, soweit noch verfügbar, in das Hauptnetz mit einzubeziehen. Alle diese Konzeptionen basieren auf der Vorherrschaft des individuellen Verkehrsmittels, dem Kraftfahrzeug, das die Rechnungseinheit unserer Verkehrsplanungen darstellt. Straßen werden für die Abmessungen dieses Blechvehikels dimensioniert; eine mögliche Umkehrung der Abhängigkeit, nämlich das Vierrad beispielsweise auf die städtischen Erfordernisse zuzuschneiden, hat zwar Reißbrettform angenommen, doch die Möglichkeit einer baldigen Realisierung muß derzeit als gering angesehen werden.

Die Statistik weist im Gegenteil darauf hin, daß beim Kauf von Kraftfahrzeugen der Trend in Richtung größeres, komfortableres und stärkeres Auto deutet und damit wird der bekannten augenblicklichen Situation auf den Straßen absolut nicht Rechnung getragen.

Eine durchaus vertretbare Verkürzung der Fahrzeuge um durchschnittlich etwa 50 cm, würde je 100 000 Einheiten einen Gewinn von 50 km Parkspur erbringen und eine derart simple Rechnung zeigt bereits anschaulich, daß mit einem Apell an die Vernunft der betroffenen Verkehrsteilnehmer gewisse Verbesserungen erzielt werden könnten, doch an die Vernunft der Betroffenen zu appellieren ist ein erfahrungsgemäß planerisch unwirksames Hilfsmittel. Soll der Verkehrsplaner also diesen Trend als bestimmenden Faktor seiner möglichen Konzeption unterlegen oder sollte es nicht die politische Vertretung eines Ballungsraumes den Benutzern städtischen Territoriums zur Auflage machen zum Beispiel Fahrzeuge mit einer begrenzten Abmessung zu chauffieren? Bedeutet das die Einschränkung einer persönlichen Freiheit, die nach Artikel 11 Abs. 2 des Grundgesetzes zulässig ist, wenn, wie es dort heißt: »... eine ausreichende Lebensgrundlage nicht vorhanden ist und der Allgemeinheit daraus besondere Lasten entstehen würden...« oder bedeutet das eine notwendige »Hausordnung« für den Komplex Stadt zu formulieren, eine Satzung für die »besiedelte Fläche der Kategorie eins«.

Eine spürbare Entlastung der Straßen kann durch den verstärkten Ausbau der Massenverkehrsmittel erreicht werden. Diese Vorstellung war das auslösende Moment für den Baubeginn von unterirdischen Massentransportern in verschiedenen deutschen Städten. Da jedoch die ersten Ausbaustrecken die am dichtesten besiedelten Bereiche erschließen, die ohnehin durch Massenverkehrsmittel, wie Bus und Straßenbahn bedient wurden, so bedeutet diese Erstausstattung lediglich eine Verlagerung des Transportweges in die Unterwelt. Der Kreis der Bahnbenutzer wird auf diese Weise kaum erweitert, die Kapazität bestimmter Straßen wird dagegen durch den Fortfall von ersetzten Straßenbahnlinien erhöht und damit für den Kraftfahrer attraktiver. Selbst das Angebot des sogenannten Null-Tarifs wird hier nicht, wie Umfragen und Experimente zeigten, zu dem beabsichtigten Ergebnis führen, den Individualverkehr merklich zu reduzieren. Derartige Resultate sollten daher zu einer korrigierenden Überprüfung ehrgeiziger Projekte führen, deren ungeheure Investitionen als unverhältnismäßig zur tatsächlichen Wirkung angesehen werden können. Die Linienführung der Untergrundbahnen orientiert sich zudem an den baulichen Gegebenheiten der Oberwelt und bei künftig erforderlichen planerischen Neuordnungen oberhalb des Erdreichs wird man gezwungen sein, sich wiederum an diesen Verkehrslinien zu orientieren. Damit wird die Immobilität unserer Planungen weiter verfestigt.

Die stärksten Belastungen der Verkehrsadern zeigen sich zweimal täglich, nämlich zu den sogenannten Spitzenzeiten am Morgen und am Abend. Sie sind eine Folge der weitestgehenden Gleichzeitigkeit der verschiedenen menschlichen Tätigkeiten wie arbeiten, wohnen, sich erholen. Ein Abbau dieser Spitzenverkehrsaufkommen wäre beispielsweise durch eine wirksame Staffelung der Arbeitszeiten denkbar, der jedoch bei einem 9-Stunden-Arbeitstag bestimmte Grenzen gesetzt sind und darüber hinaus verwischt sich der Staffelungseffekt bei zunehmender Einführung einer gleitenden Arbeitszeit, da ein Großteil der Arbeitnehmer im Rahmen der Möglichkeiten zu einem späteren Arbeitsbeginn tendiert und somit der

Spitzenpunkt des Verkehrsaufkommens zeitlich nur verschoben wird.

Überlegungen, die zu einem wirksamen Abbau der Spitzenverkehrsbelastungen führen könnten, stellt J. Jüchser [23] in seinem Artikel ›Die Gleichzeitigkeit in unseren Städten‹ an. Die Tendenz einer weiteren Arbeitszeitverkürzung kann nach dieser Darstellung in absehbarer Zeit zu einer Neugliederung der biblischen Woche führen, in eine 4-Tage-Arbeitswoche mit einem anschließenden 2tägigen Wochenende. Eine solche 6-Tage-Woche soll dann derart gegliedert werden, daß der Arbeitsbeginn für je ein Drittel der erwerbstätigen Bevölkerung um jeweils zwei Tage verschoben wird. Auf diese Weise ergibt sich theoretisch eine tägliche Reduktion der am Arbeitsprozeß beteiligten Bevölkerung von 33 % und damit eine gleich hohe Verringerung der Spitzenverkehrsaufkommen. Die Verwirklichung derartiger Zeitgliederungen wird mit Sicherheit auf bestimmte Schwierigkeiten stoßen, aber die Schwierigkeiten sind möglicherweise gar nicht unüberwindlich und sie sollten daher mindestens einer ernsthaften Prüfung unterzogen werden, da auf diese Weise nicht nur die Berufswege spürbar entlastet werden könnten, sondern ebenfalls die Freizeitwege.

Le Corbusier [24] wies auf ähnliche, bereits 1929 in der UdSSR angestellte Überlegungen hin, die jedoch über einen literarischen Aussagewert nicht hinausgelangten.

Verkehrsplanung wird heute noch nicht auf ein bestimmtes stadtplanerisches Ziel hin betrieben, nämlich den permanent funktionierenden Betrieb bei Gegebenheiten wie Pendelverkehr und konstante Erweiterung der Ballungsräume, sondern sie wird auf die augenblicklichen Erfordernisse einer baulichen Planung abgestimmt, möglicherweise mit einem gewissen Trendzuschlag als Belastungsspielraum. Die permanente Funktion eines bestimmten Verkehrssystems könnte beispielsweise die Forderung nach andersartiger Nutzungsverteilung und Besiedelungsweise beinhalten und als auslösendes Moment für die Änderung heutiger städtebaulicher Praxis angesehen werden.

Funktionsgerechte Verkehrsplanung erfordert stabile und geschlossene Systeme, die berechnet werden können oder aber eine totale

Mobilität der Bebauung, die Verschiebungen von Nutzungsarten als Folgemaßnahme der Überbelastung bestimmter Verkehrsadern erlaubt. Die totale Mobilität ist aber bekanntlich nicht gegeben, nicht einmal eine Teilmobilität, ebensowenig stabile und geschlossene Systeme. Damit bedeutet Verkehrsplanung immer noch ein Abtasten der jeweiligen städtebaulichen Situation und, wo noch möglich, eine angleichende Erhöhung von Kapazitäten der Verkehrswege.

In Anlehnung an die bereits beschriebene Lastfallplanung bedeutet dieses die ständige Neudimensionierung des Systems, da sich ständig die Gesamtlast erhöht.

Solange die Funktion des Verkehrs und vornehmlich die Funktion des Individualverkehrs eine vorherrschende Rolle spielte, gebührt eigentlich der Verkehrsplanung der vorrangige Platz in städtebaulichen Planungen.

Konzipierte man Städte heute nach ihren verkehrstechnischen Erfordernissen, so dürften sie nicht mehr auf Zentren hin orientiert sein. Stadtentwicklungsplanung, die heute zunehmend und mit geringem Erfolg betrieben wird, muß daher, dieser Erkenntnis gemäß, Maßnahmen beschreiben, die eine Wandlung der Städte auf ein solches Ziel hin ermöglichen, oder die die Umgehung eines erhaltenswerten Bestandes bei sinnvoller Einbindung erlauben. Unsere Planungen basieren aber immer noch auf Mittelpunktsdenken. Es wird an bestehende Bereiche mit zentralem Charakter angeschlossen und sowohl Fahr- wie auch Fußwegebeziehungen auf diese ausgerichtet und es werden ebenso größere Neuplanungen mit wirtschaftlichen und kulturellen Mittelpunkten ausgestattet. Eine Stadt oder ein Stadtbezirk ohne ein Zentrum scheint undenkbar. Dieses wird als Orientierungshilfe für Bewohner und Besucher angesehen, es wird optisch durch eine besonders dichte oder hohe Bebauung herausgestellt und es wird eine gute Erreichbarkeit mit dem öffentlichen Verkehrsmittel und dem eigenen Fahrzeug angestrebt. Auf diese Weise entstehen immer wieder stark belastete Sammelpunkte, die verkehrstechnisch und finanziell einen hohen Erschließungsaufwand erfordern und diesen überwiegend für die täglichen Spitzenbelastungen.

Das Kraftfahrzeug ist zum festen Bestandteil unserer Städte und

Planungen geworden und es wird bis heute versucht, Bestehendes und Geplantes der Wirkungsweise dieses Vehikels anzupassen. Während die Planer sich immer wieder gezwungen sehen, den immobilen Koloß Stadt autogerecht umzuformen und hierfür beständig die Wünsche ihrer anspruchsvollen Steuerzahler ergründen, wäre es vielleicht angemessener, mindestens im öffentlichen Bereich die Grenzen möglichen persönlichen Gebahrens einmal aufzuzeigen, innerhalb derer eine reibungslose Nutzung der Stadt noch gewährleistet werden kann.

Einen Teil des Verkehrsproblems zu lösen bedeutet: Überlastungen zu vermeiden. Überlastungen bestimmter Straßen und Bezirke können vermieden werden, wenn die Zahl der einfahrenden Kraftfahrzeuge das Fassungsvermögen dieser Bereiche nicht überschreitet. Wie z. B. Parkhäuser ein Besetztzeichen signalisieren, wenn die letzte Stellfläche belegt ist, so müßten Stadtbezirke ständig auf ihre Noch-Belastbarkeit hin geprüft und für weitere Zufahrten gesperrt werden, wenn die zulässige Zahl erreicht ist. Das bedeutet die Einschränkung der totalen Bewegungsfreiheit, mindestens in bestimmten städtischen Bereichen und diese Einschränkung der Bewegungsfreiheit kann zu kontrollierbaren Belastungen gewisser Gebiete und zur zwingenden Einweisung in noch belastbare Bereiche führen, ein bei derzeitiger städtischer Konzeption jedoch kaum realisierbarer Gedanke.

Was aber wäre tatsächlich realisierbar?

Dem Haupterschließungsrhythmus, eine täglich überwiegend zweimalige Pendelbewegung, kann ein Straßensystem insoweit unterlegt werden, als in der jeweiligen Pendelrichtung der breitere Straßenanteil zur Verfügung gestellt wird. Versuche dieser Art auf der Berliner Stadtautobahn, die durch Lichtzeichen nebeneinanderliegende Spuren sperrten oder freigaben, zeigten jedoch nur geringen Erfolg, da diese Art der »Umpolung« erhöhte Aufmerksamkeit der Fahrzeugführer erfordert und hier die Garantie für eine gefahrenfreie Funktion nicht gewährleistet ist. Einzelne Spuren für wechselnde Fahrtrichtungen freizugeben, ist nur dann zu vertreten, wenn sie gegenüber Nachbarbahnen abgetrennt werden und die Fahrtrichtung an der Einfahrt vorbestimmt wird.

Denkbar sind jedoch Ringsysteme, die in jeweils eine Richtung mehrspurig den gesamten Pendelstrom führen. Eine Pendelbewegung läßt sich verkehrstechnisch in eine Kreisbewegung umsetzen, wobei die Kreisform eine einzige Fahrtrichtung gestattet, d. h. sämtliche Spuren eines Kreises können der jeweiligen Pendelbewegung nutzbar gemacht werden. Da die Pendelbewegung eine gegenläufige Bewegung ist, muß ihr in jeder Richtung die erforderliche Bahnbreite zur Verfügung gestellt werden, während die kreisförmige Führung, da stets gleichgerichtet, mit etwa dem doppelten Querschnitt dem Verkehrsstrom nutzbar gemacht werden kann.

Bis zu welcher Entfernung oder besser bis zu welchem zeitlichen Aufwand ist der Mensch eigentlich noch bereit, zwischen Quell- und Zielpunkt zu pendeln? Als derzeit optimaler Zeitaufwand werden 30 bis 45 Minuten angesehen, aber auch 60 Minuten und mehr sind keine seltenen Einzelfälle. In einer Stunde lassen sich im städtischen Vorfeld mit einem Kraftfahrzeug etwa 50 km überbrücken und diese Entfernung könnte damit in einigen Jahren der Radius der besiedelten Flächen um Städte mit der zentralen Attraktivität bedeutender Oberzentren sein, wenn die heute flächenfressende Siedlungsweise ihre, durch Siedlerwünsche bestärkt, nicht eingeschränkte Fortsetzung findet. Solche Bereiche noch auf eine sinnvolle Weise mit Massenverkehrsmitteln zu erschließen, um Straßen zu entlasten, kann heute bereits als nicht möglich erkannt werden und damit wird die wachsende Belastung auch der Innenstädte durch Kraftfahrzeuge anhalten.

Mit derzeit in der Entwicklung befindlichen sogenannten Hochgeschwindigkeitsbahnen, die etwa 400 bis 500 km pro Stunde zurücklegen sollen, wäre es andererseits jedoch denkbar, Pendler aus Siedlungsbereichen in etwa 100 bis theoretisch 400 km Entfernung vom Zielpunkt heranzuholen und das sind Entfernungen, bei denen das individuelle Verkehrsmittel seine Leistungsgrenze für den alltäglichen Pendelverkehr überschritten hat. Damit könnten Wohn- und Arbeitsbereiche so weit voneinander entfernt angesiedelt werden, daß sich straßenfüllende Pendlerströme nicht mehr einstellten.

Derartige Überlegungen lassen bereits erkennen, wie weit verkehrstechnische Neuschöpfungen planerische Konzepte bestimmen

könnten und sie zeigen ebenso deutlich, wie wenig andererseits verkehrstechnische Entwicklungen von Anbeginn für bestimmte planerische Zielvorstellungen zugeschnitten werden. Die Frage müßte hier doch lauten: Wie muß das Verkehrsmittel für die »neue Stadt« aussehen und nicht etwa: Wie können wir dieses neue Verkehrsmittel in unseren Bestand integrieren?
Doch wenn zunächst nur die Überlegung bleibt, ein entwickeltes Produkt auf wirkungsvolle Weise in bestehende Konglomerate einzugliedern, dann sollten vielleicht nicht nur vorhandene Verkehrssysteme durch die fortschrittlicheren ersetzt werden, wie möglicherweise das umweltfeindliche Flugzeug im innerkontinentalen Netz, sondern daraus auch die stadtplanerisch notwendigen und möglichen Konsequenzen gezogen werden.
Existierende Städte autogerecht herzurichten und umzuformen, wurde inzwischen als eine Art Sisyphusarbeit erkannt, doch man versucht, weiterhin nicht nur ärgste Mißstände zu beseitigen, sondern schafft auch weiterhin solche Situationen, die künftighin einmal Mißstände erwarten lassen, wobei wir heute weiter zu blicken vermögen, aber nur was die zahlenmäßige Entwicklung des Verkehrs anbelangt. Solche durchaus ernstgemeinten Maßnahmen werden auch künftig unser Programm bestimmen und wir werden sowohl bauliche Substanz opfern, solange das überhaupt noch möglich ist, wie auch konstant Kapital investieren, bis wir am Ende die Stadt, die wir eigentlich zu erschließen suchten, erwürgt haben werden.
Wer aber garantiert für die Funktion gravierend verändernder Konzepte, wird nicht nur der Skeptiker fragen und diese Frage ist vielleicht berechtigt, soweit der Kritiker bestimmte Stadtstrukturen als Leitbild vor Augen hat, aus denen er die fragwürdige Vorstellung von »gutem« Städtebau bezieht. Doch unsere Städte haben sich inzwischen verändert, sie sind nicht mehr die Leitbilder für die künftigen Erweiterungen, sie sind zu ungeheuren »Neutralstrukturen« geschwollen, die das Überschaubarkeitsvermögen ihrer Bewohner überfordern, aber jeder möchte mindestens in seinem privaten Bereich, in seiner unmittelbaren Wohnumwelt, in dem täglichen Arbeitsweg, am Arbeitsplatz, in den neuen Versorgungs- und Kultur-

zentren die Stadt wiedererkennen, die eigene Stadt und die Stadt ist dann stets derjenige Bereich, den man noch überblickt. Diese neuen Dimensionen erfordern das individuelle Verkehrsmittel oder umgekehrt hat dieses Verkehrsmittel solche Dimensionen erst ermöglicht. Die Städte zerfließen nunmehr in einen formlosen Siedlungsbrei, in dem der Kraftfahrer umherirrt und die schnelle Piste für seinen Weg fordert.

Im Einzugsbereich der Stadt- und Untergrundbahnen sind Kraftfahrzeuge weiterhin zugelassen, hier ergänzen sich die Verkehrsmittel nicht, sondern behindern sich teilweise. Das Verkehrsgeschehen wird dem Instinkt der Fahrzeugführer überlassen und führt damit notwendigerweise zum Chaos, und nichts deutet auf Überlegungen hin, wie der Wagenlenker, der nur seinen Weg im Auge hat und die möglichen Alternativen im städtischen Gesamtkomplex nicht überblickt, geführt werden kann.

Die Probleme kleinerer Städte wachsen mit ihren spezifischen Eigenheiten beständig zu den Problemen größerer und großer Städte heran und die Wiederholungen, wie der Bau von Straßenringen, Ortsumgehungen, kreuzungsfreie Führung der konstant wachsenden Verkehrsströme, sowie das ständige Verbreitern von überlasteten Straßen, sind augenfällig, und das Wachstum der Orte vollzieht sich im vorgegebenen baulichen Maßstab, bis die ausweglose Situation einen Entwicklungsplan fordert, der die Erkenntnis enthält, daß die Straßen wieder leistungsfähiger werden müssen.

Tiefgreifende planerische Maßnahmen werden von Kritikern jedoch als kaum durchführbar angesehen, da die herrschenden Bodenverhältnisse und die Unantastbarkeit des Eigentums notwendige Umstrukturierungen in großem Umfang behindern. Aber sind die Bodenverhältnisse wirklich jene bedeutsamen Hürden, deren Bewältigung uns einen akzeptablen Städtebau bescherte?

5. Bodenrecht und Spekulation

Das Eigentum, auch an Grund und Boden, wird durch das Grundgesetz gewährleistet. Diese Gewährleistung wird jedoch mit der moralischen Verpflichtung gekoppelt, dem Wohle der Allgemeinheit zu dienen, und der Art. 158 der Verfassung des Freistaates Bayern stellt z. B. klar, daß offenbarer Mißbrauch des Eigentums- oder Besitzrechtes keinen Rechtsschutz genießt. Der § 226 des Bürgerlichen Gesetzbuches erläutert in dem Zusammenhang: Die Ausübung eines Rechtes ist unzulässig, wenn sie nur den Zweck haben kann, einem anderen Schaden zuzufügen.

Spekulation und Wucher im Zusammenhang mit Grundstücken, die bebaut oder bebaubar sind oder wie potentielles Bauland aussehen, werden als offensichtlicher Mißbrauch des Eigentumsrechts angesehen, und das führt zu der immer heftiger vertretenen Forderung einer Enteignung von Grund und Boden.

Alexander Mitscherlich[25] gehört zu jenen, die fordern: »Taktisch ist demnach die vordringlichste Aufgabe der unermüdliche Gegenangriff gegen das Tabu des sakrosankten Besitzes von städtischem Grund und Boden. Dieser Besitz wird mit dem demagogischen Trick verteidigt: Enteignung hier sei aller Laster Anfang. Die Auflösung solcher andauernd geschürten Vorurteile gehört zu den schwierigsten Aufgaben der Verständigung. Vom Erfolg hängt tatsächlich die Realisierbarkeit progressiver Stadtplanung ab.«

Hier muß ein zweites Mal die Frage aufgeworfen werden: ist das wirklich so? Wie würden wir unsere Städte als Planende umgestalten, wenn uns der städtische Grund und Boden zur Verfügung stünde? Dieses Experiment sollte wenigstens auf dem Papier einmal durchgespielt und das Ergebnis dem Bestand gegenübergestellt werden, damit mindestens diese Illusion zu den Akten gelegt werden kann. Ein informatorischer Blick in jene Bereiche, in denen Grund und Boden nicht mehr als privates Eigentum angesehen werden, zeigt, daß auf dieser Basis auch keine wegweisenden Pioniertaten zu verzeichnen sind.

Das Ergebnis der Absicht, beispielsweise aus Moskau eine Musterstadt für gleichbleibend 8 Millionen Menschen zu formen (geschlossenes System), muß nicht abgewartet werden. Die Planziele[26] wie: kein Wachstum der Bevölkerung und des Verkehrsaufkommens, kurze Wege zur Arbeit, etwa 30 Quadratmeter Grünfläche je Einwohner, saubere Luft, unverschmutztes Wasser, produktive Indu-

strie sowie hochragende Betonklötze und restaurierte Baudenkmäler, sind ja nicht einzig auf der Basis des volkseigenen Bodens denkbar, sondern durchaus auch in Regionen westlicher Prägung.
Enteignung würde zum Teil eine schnellere Realisierbarkeit von Planungen ermöglichen, aber allein die drohende Vorstellung, daß auf diese Weise auch sehr viel schneller jene Gebilde entstehen können, die derzeit ständig im Kreuzfeuer der Kritik stehen, sollte die beharrlich Enteignung Fordernden eher bedächtig stimmen. Was also wird von einer Enteignung eigentlich erwartet?
Zunächst einmal bedarf es der Klärung, ob mit städtischem Boden jene, von den Stadtgrenzen umschlossenen Flächen angesprochen sind oder ob die Flächen des Nahbereiches oder einer Region einzuschließen sind und wo die Grenzen sichtbar zu ziehen sind, die städtischen von privatem Grund trennen.
Da die Städte wachsen und zwar radial wachsen, so sind derartige feste Grenzen nur schwerlich zu bestimmen. Es gälte demnach, Entwicklungseinrichtungen zu ermitteln und die von sogenannten Entwicklungsbändern bestrichenen Flächen grundsätzlich zum Gemeineigentum zu erklären. Zugleich wäre außerhalb solcher Entwicklungsachsen jegliche Siedlungstätigkeit, die dem dauernden Aufenthalt von Menschen und z. B. nicht landwirtschaftlichen Zwecken dient, zu untersagen. Die Enteignungsphase müßte darüber hinaus zunächst einmal dahingehend eingeleitet werden, den weiteren Zuwachs an privatem Grundeigentum zu unterbinden und den Status quo als zu bewältigendes Erbe zu übernehmen. Wenn aber z. B. im § 1 des 1971 in Kraft getretenen Städtebauförderungsgesetztes [27] steht, daß Grundeigentum oder grundstücksähnliche Rechte nach Möglichkeit begründet werden sollen, dann wird hier doch etwas gefordert, was nach den augenblicklichen Erfahrungen dem Städtebau eher hinderlich als förderlich ist. Der Gesetzgeber hat also offensichtlich die Notwendigkeit einer künftig grundsätzlichen Enteignung nicht gesehen, und da bei der langjährigen Formulierung des Gesetzestextes auch mit Planung vertraute Experten mitwirkten, so konnten diese sich entweder gegen eine Grundbesitzerlobby und politische Räson nicht durchsetzen oder die Forderung wurde für irrelevant und irreal gehalten.

Was bringt denn eigentlich die Enteignung für die Planung? Zunächst einmal wird die schnellere Zugriffsmöglichkeit zu städtischem Boden gesehen. Der private Eigentümer, der zwar bislang auch schon enteignet werden konnte, kann sich nun nicht mehr, begründet oder unbegründet, dem der Allgemeinheit dienenden und sein Eigentum antastenden Plan entgegenstellen und damit zu Lösungen zwingen, die einen erheblichen Mehraufwand an Kosten erfordern oder von Anbeginn eine Notlösung darstellen. Es soll also damit die Möglichkeit geboten werden, das zu realisieren, was das planende Team konzipiert. Das ist zwar nur ein Teilaspekt neben gesellschafts- und wirtschaftspolitischen, aber er muß zunächst einmal als der wesentlichere angesehen werden, da den anderen Aspekten auch noch auf andere Weise begegnet werden kann.

Schnellere und jederzeitige Zugriffsmöglichkeit neben einer, hinsichtlich des Grundeigentums erreichbaren Gleichstellung der Bürger und die Unterbindung der preistreibenden Spekulation wären die vordergründig spürbaren Auswirkungen einer Enteignung. Es bleiben jedoch die Knappheit verfügbarer Flächen und die gewichtigen Standortvorteile innerhalb des bestehenden Gefüges.

Die Knappheit verfügbarer Flächen ist mit einer Enteignung nicht zu beseitigen, sie wäre allenfalls durch eine andere Siedlungsweise kurzfristig zu verändern, aber eine andere, nämlich eine flächensparende Siedlungsweise, wäre bereits bei dem derzeit bestehenden Flächenangebot möglich oder notwendig, und eine damit verbundene, weniger rapide Expansion könnte einer Spekulation vielleicht eher entgegenwirken. Der Standortvorteil muß als systemimmanent gesehen und zum nicht geringen Anteil als preisbestimmend eingeordnet werden. Diesen abzuwerten oder anderen als gleichwertig gegenüberzustellen, ist eine Frage der Planung und nicht der Bodenordnung.

Enteignung kann also nicht als notwendige Voraussetzung für einen guten Städtebau gefordert werden, sondern allenfalls als moralisch vertretbares Hilfsmittel für die Realisierung von solchen Planungen, die nach »städtebaulichen Gesichtspunkten« als optimal einzugliedern sind.

Spekulation, eine der möglichen Folgeerscheinungen des Grundeigentums, steht damit einem guten Städtebau grundsätzlich nicht entgegen. Spekulation wird zwar durch städtebauliche Planung begünstigt, aber Planungen werden durch Spekulation in ihrer konzeptionellen Haltung primär nicht verändert. Erst dort, wo der Planer versucht, Spekulationen durch wirkungsgleiche Alternativen zu begegnen, werden die Einflüsse dieses kommerziellen Verhaltens spürbar.

Spekulation bedeutet doch nur, ein Geschäft in Richtung einer erheblichen Zugewinnerwartung zu tätigen. Grundstücke steigen im Wert durch wachsende Nachfrage, aber die wachsende Nachfrage beeinflußt nicht einen im Konzept »mustergültigen« Städtebau; höhere Grundstückspreise wirken sich gegebenenfalls auf die Detailqualität oder, in Wohnbereichen, über die Mietpreisforderung auf eine spätere Bevölkerungsstruktur aus (Einkommen). Wo Spekulationsabsicht jedoch gezielt Einfluß auf Planungen nimmt, da versagt jegliches planerische Konzept. Der Begriff »Gefälligkeitsplanung« schwingt zuweilen dicht unter der Oberfläche bestimmender Überlegungen mit und ist mitunter in Klammern hinter den im Gesetz verankerten Begriff der Planungshoheit zu setzen.

Spekulation kann zu einer treibenden Kraft städtebaulicher Bemühungen heranreifen und in ihrer amtlich zugelassenen Nennart der zeitlichen und räumlichen Erfordernis, unter der Schirmherrschaft gemeindlicher Verantwortung zu Ergebnissen führen, die planerisch als nicht vertretbar und hinsichtlich »urbaner« Qualität als nicht zumutbar eingeordnet werden können.

Doch auch nicht Vertretbares und nicht Zumutbares findet zum Erstaunen und Erschrecken kritischer Beobachter seine Abnehmer und hier findet die Spekulation ihren Nährboden. Der Eifer des Konsumenten begünstigt nicht zuletzt spekulative Unternehmungen; der Run auf das städtebauliche Grundelement Wohnung und Einzelhaus dient primär der Sicherung bedrohten Eigenkapitals und weit weniger der Erfüllung atmosphärischer Grundbedürfnisse. Sieht man also die Spekulation im Zusammenhang mit dem Städtebau als einflußnehmendes Grundübel an, so gilt es hier entschiedene Maßnahmen zu ergreifen, diesen Faktor aus dem Bereich der Planung zu eleminieren. Mit der Abschöpfung der Spekulationsgewinne wird eine erfahrungsgemäß wirkungslose Gegenmaßnahme gefordert. Spekulation wird damit nicht grundsätzlich ausgeschaltet. Wenn dagegen der Grunderwerb in städtebaulichen Expansionsbereichen nur für den Eigenbedarf gestattet oder bei Bauträgern mit der Auflage der nachzuweisenden, lediglich eigenkostendeckenden Veräußerungspflicht verknüpft würde, so wäre hier eher ein wirksamer Ansatz zu sehen, Spekulationen zu begegnen.

Zuteilung von Grund und Boden als nur begrenzt verfügbares Wirtschaftsgut für bauliche Zwecke. Doch auch mit einer Zuteilung von Bauflächen, die im Bereich der Planwirtschaft angesiedelt als nicht dem System der freien Marktwirtschaft entsprechend argwöhnisch bekämpft würde, fände als Ergebnis das seine Fortsetzung, was heute, nach kritischer Betrachtung, immer wieder als unzureichend, unzumutbar, unmenschlich bezeichnet wird.

Solange nur an den Symptomen des Städtebaus herumexperimentiert wird, verliert man viel Zeit bis zu der Feststellung, daß nicht das Symptom den Zustand Stadt herbeigeführt hat, sondern der Zustand das Symptom. Es wird heute versucht, eine historische Form der Stadt, unter bestimmten Umweltbedingungen und -erfordernissen gewachsen, trotz gravierender Veränderungen dieser Einflüsse, weiter zu bauen und in diesem Ansatz liegt bereits der Mißerfolg begründet.

Die Änderung des gültigen Bodenrechts sowie die Unterbindung der Spekulationen führen nicht zwangsläufig zu einem besseren Städtebau, sondern bestenfalls zu einer gewissen Beruhigung der augenblicklichen Situation der sogenannten Betroffenen, wobei eine Beruhigung die trügerische Vorstellung auslösen könnte, die Lage habe sich »normalisiert«.

6. Verlust der Mitte durch Verlust an Substanz

Die Zentren und die angrenzenden Bereiche unserer Städte sind überwiegend durch das Vorhandensein älterer Bausubstanz gekennzeichnet und diese Substanz wird in wachsendem Umfang wegen technischer Unzulänglichkeiten, wegen zu hoher Sanierungskosten, wegen unwirtschaftlicher Nutzung der bebauten Grundstücke durch Baulichkeiten ersetzt, die, in Grundriß und Aufriß, heutiger Bauauffassung entsprechen und damit das Bild, das Image einer Stadt langsam verändern. Im Zusammenhang mit dem Substanzverlust wird auch der Verlust der Mitte gesehen. Die Zentren, die Brennpunkte wirtschaftlicher und kultureller Ereignisse, werden auf diese Weise eines Teiles »Kultur« beraubt und verlieren damit zunehmend an lebendiger Attraktivität. Setzt man diesen Veränderungsprozeß gedanklich fort, so wird man innerhalb eines kurzen Zeitraumes unter bestimmten Namen nicht mehr das vorfinden, was Merian in seinen Werken einst so meisterhaft konservierte oder was wenigstens die Kriege der folgenden Jahre noch davon übrigließen. Sicherlich muß diese Darstellung als überspitzt angesehen werden, aber für den Betrachter verbinden sich mit Städtenamen zunächst einmal Bilder und weniger geographische Standorte. Städte und Orte hatten und haben zum Teil auch heute noch ihre visuellen Charakteristika und der Trend einer gestalterischen Einebnung, der Degradierung zum reinen Standort, löst Befremden und Erschrecken aus, und die Vorstellung, daß sich eines Tages Köln und Hamburg nur noch durch die Tatsache unterscheiden, daß diese Orte am Rhein und an der Elbe liegen, signalisiert kulturellen Verfall. Allein das Signal hält den Verfall nicht auf, und damit ist, angesichts der rapiden Veränderungen, eine Wandlung der Innenstadtbereiche nicht nur hinsichtlich ihrer Gestalt, sondern ebenso im Hinblick auf ihre Nutzung zu erwarten.

Dieser Beobachtung kann auf zweifache Weise Rechnung getragen werden, nämlich erstens durch Kenntnisnahme des Wandlungsprozesses und seine bewußte Steuerung auf ein neues Ziel hin oder zweitens durch die Willensbekundung, charakteristische Bereiche zu erhalten oder zu restaurieren und die dafür erforderlichen Voraussetzungen einer Realisierung zu schaffen. Tatsächlich werden aber Verluste und Veränderungen mehr oder weniger lautstark und pressefüllend beklagt und der Wandlungsprozeß triumphierend und resignierend verfolgt. Die Stadt ist heute nicht mehr Anwendungsbereich gereifter baukünstlerischer Visionen, sondern der fündige Tummelplatz wirtschaftlicher Interessen.

Sollen also die Innenstadtbereiche als bestehende Kulturdenkmäler erhalten bleiben, so muß den restaurativen Maßnahmen der Vorrang eingeräumt oder der zu konservierende Bereich zum historischen Ghetto erklärt werden. Aber der heutige Versuch, die zentralen Bereiche als Mittelpunkte früherer Konzeptionen in ihrer Funktion zu erhalten und in den Wachstumsprozeß zu integrieren kann anhand zahlloser Beispiele als gescheitert angesehen werden.
Integration kann nur bedeuten, abgegrenzte Bereiche in einer funktionstüchtigen Geschlossenheit zu belassen und einem Entwicklungsgebiet als eine Art »Disney-Town« anzugliedern, und nicht, derartige Gebilde dem freien Spiel der Kräfte anzuvertrauen und mit beschwichtigender Gebärde eine stadtgerechte Traufhöhe festzusetzen.
Es ist daher die klare Entscheidung zu treffen, auf welche Weise dem Wandel der Innenstädte zu begegnen ist, wobei hier mehr der gestalterische Wandel angesprochen ist, weniger der Nutzungswandel.
Für die große Zahl der Stadtbewohner ist das Zentrum hauptsächlich der kommerzielle Umschlagplatz und der Standort der kulturellen Institutionen und nicht der Wohnbereich bestimmter Bevölkerungsschichten. Das Zentrum als geometrischer Ort der Aktivitäten ist vornehmlich das Sammelbecken der Bevölkerung eines im Magnetfeld liegenden Einzugsbereiches, und der Anteil der Wohnbevölkerung des zentralen Bereiches hebt sich nicht spürbar im Gesamtgeschehen ab.
Der gestalterische Wandel, sichtbares Zeichen der Veränderung des »kulturellen Verfalls«, ist es, der bemerkt und bemängelt wird, und das Bauschaffen in den Zentren wird als mittenfeindlich kritisiert.
Neben den Stadtrandzonen, denen eine bewohnerfreundliche und phantasievolle Konzeption gar nicht erst abgelesen werden kann, werden noch die städtischen Restbestände ihres emotionellen Gehaltes beraubt. Der Stadtbewohner sieht nunmehr seine Orientierungsmarken genommen, die ihn in das Zentrum und wieder heraus führten.
Benötigen wir aber diese Mitten eigentlich?

Was sich heute als Zentrum gegenüber der umgebenden Bebauung abhebt, das war früher einmal der gesamte Stadtbereich, der zwar mit Rathaus, Markt und Kirche ebenfalls einen engeren Zentralbereich aufwies, dessen Gesamtgebiet jedoch von dem sogenannten urbanen Treiben durchwirkt war. Erst mit der Stadterweiterung über die Stadtmauern hinaus schälte sich die Keimzelle als Versorgungs- und Kulturzentrum heraus. Ausgestattet mit den Gemeindebedarfseinrichtungen, wie Schulen und Handwerksbetrieben, wurde »die Stadt« zum Ziel der »draußen« Siedelnden, und das Erschließungssystem wurde auf diesen Bereich ausgerichtet. Die Fesseln des im wahrsten Sinne des Wortes ursprünglich geschlossenen Systems waren gesprengt, und es begann das Anlagern von Wohnbereichen an einen Kern.

Die Versorgungskapazität eines solchen Kernes war verständlicherweise zu einem bestimmten Zeitpunkt erschöpft und sie mußte erhöht werden und das bedeutete, die Kernflächen in die benachbarten Wohnbereiche hineinzuschieben, diese Wohnbereiche in ihrer Bevölkerungs- und Nutzungsstruktur zu verändern und genau das geschieht bis auf den heutigen Tag. Es wurden zwar den schnell wachsenden Stadtrandgebieten sogenannte Entlastungszentren zugeordnet, aber die Bedeutung der Stadtmitte blieb erhalten und wurde sogar weiter ausgebaut.

Viele Unternehmen halten sich für nur noch auffindbar, wenn sie ihren Standort im Zentrum nachweisen und sie nutzen die psychologische Wirkung der Innenstadtadresse. Hier wird oft kein Kapitaleinsatz gescheut, um sich noch in den zentralen Stadtbereich hineinzudrängen und es gibt keine wirksame planerische Abwehrmaßnahme, die diese schleichende Invasion, soweit sie als stadtfeindlich einzuordnen ist, zum Stillstand bringt.

Die Stadt und ihre Versorgungszonen sind konstant zu erweiternde Bereiche und dafür gilt es, solche Konzeptionen zu erdenken, die eine problemfreie Addition ermöglichen. Einen Endzustand gibt es im Städtewachstum nicht, sondern nur die permanente Addition von Teilabschnitten und jeder dieser Abschnitte muß in sich, sowie in der Gesamtkonzeption, funktionieren. Ein Zentrum, eine Mitte, ist für den Teilbereich nicht erforderlich, sondern lediglich die Garantie, daß dieses Gebiet versorgt ist und die Versorgung muß wiederum im Teil wie im Ganzen gewährleistet sein. Ein Architekt, der ein Bauwerk zu entwerfen hat, das zu einem späteren Zeitpunkt erweitert werden muß, hat andere planerische Überlegungen anzustellen, wie derjenige, der ein fest umrissenes Programm ohne Erweiterungsabsicht zu erfüllen hat. Im ersten Fall ist der beabsichtigte Endzustand des Gebäudes Bestandteil des Entwurfes und es wird zunächst ein Teil dieses Komplexes erstellt. Der Flächenbedarf für die Erweiterungen wird von Anbeginn für die künftigen baulichen Maßnahmen freigehalten. Die Stadt ist aber in ihren Randbereichen ein wild wucherndes und weitgehend von Zufällen geprägtes Gebilde. Hier werden keine Flächen für eine gezielte Erweiterung im Rahmen einer Gesamtkonzeption freigehalten, die auch eine sinnvolle Expansion der zentralen Gebiete ermöglichen, sondern es werden dort, wo sich mindestens die rechnerische Notwendigkeit erweist, Ergänzungen zum Hauptzentrum angesetzt, die die Versorgung eines angrenzenden Einzugsbereiches mit einem höheren Bedarf garantieren, die aber keine überregionale Attraktivität besitzen und weitgehend außerhalb überregionaler Verkehrsadern liegen und hier lediglich in den Schwerpunkt des neuen Bereiches hineingeschoben sind. Damit bleibt das historische Zentrum der gut erreichbare Zielpunkt eines überörtlichen Einzugsfeldes und damit weiterhin das Interessengebiet wirtschaftlichen Expansionsstrebens und daraus kann durchaus abgeleitet werden, daß der Substanzverlust weiter fortschreitet.

Eine Stadt ohne Mitte, ein Konglomerat mit der gleichmäßig infrastrukturellen Verteilung nach einem errechneten Bedarf, ist die durchaus denkbare Konzeption künftiger Siedlungsgefüge und innerhalb dieser Gefüge, die historischen Kerne als Relikte früherer Stadtbaukunst, als touristische Attraktion, als Darstellung einer bestimmten Epoche konserviert.

Die Mitten, als Orte konzentrierten Waren-, Arbeitsplatz- und Kulturangebotes, benötigen wir also grundsätzlich nicht und damit bleibt vornehmlich der emotionelle Wert, und wo wir diesen zu erhalten wünschen, da gilt es, deutlich die Grenzen einer noch akzeptablen Veränderung abzustecken. Doch es gibt kein Gesetz, um visuell

wertvolle, aber wirtschaftlich wertlose Bauwerke der Nachwelt zu erhalten, es sei denn, sie werden vom Steuerzahler erworben und unterhalten.
Wenn Le Corbusier [28] einst forderte: »Der Kern unserer alten Städte mit ihren Domen und Münstern muß zerschlagen und durch Wolkenkratzer ersetzt werden«, so war das kein Hinweis auf eine Lösung städtebaulicher Probleme. Die Kerne als Problembereiche müssen nicht zerschlagen werden, in der Annahme, damit auch das Problem zu zerschlagen, sondern sie können an die Peripherie des Problemfeldes gerückt werden und das bedarf der Neukonzeption des gesamten Siedlungsbereiches Stadt.

7. Ungeist der Planer

Wo Fassaden, Wohnungen, die leblosen Außenbereiche unserer Städte und der Verfall der Zentren im Kreuzfeuer der Kritik stehen, da wird der Ungeist der Planer beschworen und, da weit verbreitet all jene als Planer bezeichnet werden, die in irgendeiner Form Pläne machen, so soll hier einmal eine grobe Aufgliederung des Sammelbegriffs aufgezeigt werden, nicht um die vermeintliche »Schuld« an den bedauerlichen Ergebnissen an die richtige Gruppe zu addressieren, sondern um Tätigkeit, Einflußmöglichkeit und Ohnmacht der Beteiligten verständlich darzustellen.
Der Stadtplaner ist derjenige, der im Sinne der genannten Definition für Planung, Zielvorstellungen für die Fortentwicklung einer Stadt oder eines Ortes oder von Teilbereichen solcher Konglomerationen entwickelt, diese Vorstellungen zeichnerisch oder verbal darstellt, um sie den politischen Gremien einer Stadt oder Gemeinde zur Prüfung, Entscheidung und zur Realisierung vorzulegen. Der Planer ist der Auftragnehmer einer politischen Instanz und es wird nichts oder fast nichts ausgeführt, was diese Instanz nicht billigt. Damit soll die Verantwortung am städtebaulichen Ergebnis nicht an die Vertretung der Gemeindebürger weitergegeben werden, denn diese kann ja nur über einen vorgelegten Plan oder dazu ausgearbeitete Alternativen befinden, sehr selten jedoch eigene Vorschläge

unterbreiten, da es hierfür in der Regel an der erforderlichen Fachkenntnis mangelt. Der Mangel an Fachkenntnis, so könnte man weiter ausholen, führt wiederum zu Fehlentscheidungen und dem wird wiederum entgegengehalten, daß gute und überzeugende Lösungen stets ihre Befürworter finden. Ein Wechselspiel der Gegendarstellungen.

Bleiben wir jedoch noch einen Augenblick bei der Begriffserklärung der Planer. In den Kreis der Stadtplaner reihen sich heute in wachsendem Umfang Experten unterschiedlicher Grundausbildung. Lange Zeit wurde dieser Kreis ausschließlich von Architekten gebildet, die durch ihre Fachkenntnisse auf dem Gebiet des Hochbaues für den Vielhauskomplex Stadt fraglos als zuständig angesehen werden.

In jüngster Zeit wurde jedoch der Stadtbewohner stärker in den Mittelpunkt der Planungen gerückt. Dem Architekten, dem in dieser Richtung anhand seiner Werke, heftigste Versäumnisse nachgewiesen wurden, gesellten sich Soziologen, Psychologen, Politologen und Mediziner zu, um den Faktor Mensch endlich an die richtige Stelle zu setzen und die konstant wachsenden Städte ihrem sicheren Untergang zu entreißen.

Der Architekt wird langsam aus der Planung verdrängt und es rückt in zunehmender Zahl eine ausgebildete Planergeneration nach, die auf die Probleme der Stadtplanung soweit hingewiesen wird, wie sie dem Erkenntnisstand ihrer Ausbilder als bekannt angehören. So formieren sich allmählich Gruppen, die erstens eine Form der Zusammenarbeit zu finden suchen und zweitens nach Ansatzpunkten für die Lösung von Problemen forschen. Am Ende all dieser Überlegungen, Forschungen, Erhebungen und Auswertungen steht jedoch immer wieder Gebautes; Gebautes, dem in Bauleitplänen auf der Basis einer Bestandsaufnahme und nach Addition eines Entwicklungsprogramms Standorte zugewiesen werden. Nach dem Bundesbaugesetz (BBauG) ist in dem Flächennutzungsplan, als vorbereitendem Bauleitplan, für das gesamte Gebiet einer Gemeinde, die beabsichtigte Art der Bodennutzung nach den voraussehbaren Bedürfnissen in den Grundzügen darzustellen. Bauleitpläne sind darüber hinaus den Zielen der Raumordnung und Landesplanung anzupassen und sie sind von den Gemeinden in eigener Verantwortung aufzustellen.

Im Detail haben sich die Bauleitpläne, laut BBauG, nach den sozialen und kulturellen Bedürfnissen der Bevölkerung, ihrer Sicherheit und Gesundheit zu richten, sie haben weiterhin die von den Kirchen und Religionsgesellschaften des öffentlichen Rechts festgestellten Erfordernisse für Gottesdienst und Seelsorge zu berücksichtigen, die Bedürfnisse der Wirtschaft, der Landwirtschaft, der Jugendförderung, des Verkehrs und der Verteidigung zu beachten, sowie den Belangen des Natur- und Landschaftsschutzes und der Gestaltung des Orts- und Landschaftsbildes zu dienen. Landwirtschaftlich genutzte Flächen – so heißt es ausdrücklich – sollen nur in dem notwendigen Umfang für andere Nutzungsarten vorgesehen und in Anspruch genommen werden.

Mit der Eigenverantwortlichkeit wird die Gemeinde die sogenannte Planungshoheit über das Gemeindegebiet zugesprochen und diese Planungshoheit sichert ihr eine zuweilen mißverstandene Entscheidungsbefugnis hinsichtlich der künftigen Entwicklungen, die erfahrungsgemäß immer dort in den Vordergrund gerückt wird, wo sich die Entwicklungsvorstellungen der Gemeinden nicht mit den planerischen Erfordernissen decken. Die Planungshoheit ursprünglich als eine Keimzelle demokratischen Treibens betrachtet, schält sich immer mehr als gesetzlich verbrieftes Druckmittel gegenüber solchen Planern heraus, die versuchen, planerische Notwendigkeiten wider gemeindliche Wunschlisten zu realisieren. Gemäß der alten Bauernregel: wer zahlt, schafft an, wird der Planer auf seinen Auftragnehmerstatus hingewiesen; Fachkenntnisse werden dagegen vordringlich für die Unterstützung bestimmter gemeindlicher Absichten benötigt.

Mit den Zielen der Raumordnung und Landesplanung, soweit diese in der Form konkreter Aussagen tatsächlich existieren, wird der Gemeinde innerhalb einer überregionalen Zielkonzeption eine Entwicklungskategorie zugewiesen, aus der eine wachstumsfördernde Nutzungsverteilung abgeleitet werden soll, die den beabsichtigten Entwicklungsschwerpunkt heraushebt. Die Treffsicherheit der landesplanerischen Zielvorstellungen kann hierbei unberücksichtigt bleiben, da sie keinen unmittelbaren Einfluß auf ein städtebauliches Ergebnis ausübt. Wichtig ist hier aber die grundsätzliche Aussage, ob sich ein Ort nach Lage und Struktur überhaupt weiterentwickeln soll, oder ob eine Stagnation als richtiger befürwortet werden muß. Diejenigen Überlegungen, die zu solchen Grundsatzaussagen führen, können hier nicht erläutert werden, aber die Auswirkung der planerischen Zielvorstellung, daß die Entwicklung eines Ortes stagnieren oder im ernsteren Falle gar rückläufig sein sollte, muß dargestellt werden.

Jede Gemeinde, die sich in ihrer Entwicklung aufgrund von überregionalen Zielkonzeptionen gehemmt sieht, fühlt sich benachteiligt und vom Wohlstandsstreben disqualifiziert. Es kann doch niemand guten Gewissens bestimmte Gebiete »aushungern« wollen oder negativ entwickeln. Das bedeutet folglich, daß grundsätzlich alle Landesteile positiv zu entwickeln sind; oft mehr eine politische als eine landesplanerische Forderung. Zudem kann gerade in den kleineren, abseits gelegenen Orten noch mit Grundstücken zu annehmbaren Preisen aufgewartet werden und mit dem Run auf diese preiswerten Flächen wird von den Gemeinden die »Notwendigkeit« einer Entwicklung belegt.

Die Gemeinden sehen als erstrebenswerte Folge des Zuzuges von Bewohnern ein Ansteigen der steuerlichen Einnahmen; seltener wird hier das Verhältnis zwischen diesen Einnahmen und den erforderlichen Ausgaben für die sogenannten Folgeeinrichtungen, die gemäß oben angeführtem Detailkatalog ein Vielfaches der Einnahmen erfordern und zu hohen Verschuldungen der Gemeinden oder in der Regel zu einer unzureichenden Ausstattung mit Gemeinbedarfseinrichtungen führt. Damit ist die Ausgangssituation für jene planerischen Ergebnisse geschaffen, die mit einer unbefriedigenden Infrastruktur und mit gestalterischen Unzulänglichkeiten die Zielfelder z. T. auch derjenigen Kritiker werden, die indirekt zu ihren Initiatoren gerechnet werden können. Auf diese Weise entstehen die als langweilig bezeichneten Wohnbereiche als Standorte bürgerlichen Eigentumsstrebens, nicht jedoch als städtebauliche Mustersiedlungen. Der Planer wird hier zum Erfüllungsgehilfen hoheitlicher Expasionswünsche und gemeindlichen Ehrgeizes. Er wird weniger als

Fachmann zu Rate gezogen, sondern viel mehr als Zulieferer der verfahrensrechtlich erforderlichen Unterlagen.

Die voraussehbaren Bedürfnisse einer Gemeinde innerhalb des Geltungszeitraumes eines vorbereitenden Bauleitplanes (etwa 15 Jahre) zu ermitteln, ist jeweils nur näherungsweise möglich. Der Rückblick auf einen vergangenen Zeitraum und die Fortschreibung der innerhalb dieses Zeitraumes erhobenen Zahlenwerte, stellen eine nur unsichere Grundlage für künftige Erfordernisse dar, eine Grundlage, die zudem stabile wirtschaftliche und politische Verhältnisse voraussetzt und die keinerlei technologische und gesellschaftliche Veränderungen erwartet. Doch wie genau die Bedürfnisse auch immer ermittelt werden können, gefordert wird, daß der Gesamtkomplex nach Anlagerung verschiedener Nutzungsarten in jeder Ausbauphase »funktioniert«. Funktion bedeutet hier das Vorhandensein mindestens der rechnerisch erforderlichen Versorgungseinrichtungen in allen Bereichen und eine verkehrstechnisch ausreichende Erschließung, kurz, es muß eine einwandfreie Benutzbarkeit gewährleistet sein.

Hinsichtlich der Ansiedelung von Gemeinbedarfseinrichtungen gibt es sogenannte Schwellenwerte, bestimmte zahlenmäßige Größenordnungen von Bevölkerungsmengen, bei denen bestimmte Einrichtungen ihre wirtschaftliche optimale Nutzung erfahren. Bevölkerungszahlen unterhalb dieser Schwellen signalisieren noch nicht die zwingende Notwendigkeit der Einrichtung, und Zahlen, die über dieser Schwelle liegen, führen zu Überbelastungen der Einrichtungen.

In kleineren Orten mit Einwohnerzahlen von 1000 oder 2000 werden solche Schwellenwerte selten erreicht und die Folge davon ist, daß solche Orte über Jahre hinaus unterversorgt bleiben oder bestimmte Einrichtungen für die vorhandene Bevölkerung dimensioniert und damit unwirtschaftlich werden. In Sprüngen dieser Schwellenwerte Siedlungen zu erweitern, ist bei großen Städten mit hohem Bevölkerungszuwachs denkbar, bei kleineren Orten jedoch problematisch, da diese Werte in der Regel weit über dem tatsächlichen Bedarf liegen.

Aus dieser Überlegung heraus, versucht der verantwortungsvolle

Planer, den Ausbau von Dörfern und Kleinstädten in einem gerade noch vertretbaren Umfang vorzunehmen, während sich die wesentliche Entwicklungstätigkeit auf die sogenannten Ballungsräume konzentriert. Auf diese Weise soll zugleich die wuchernde Zersiedelung der ständig abgebauten Landschaft und das kaum noch faßbare Zerfließen der Stadtrandbebauung eingedämmt werden. Mit der Bestimmung und Entwicklung von zentralen Orten soll heute und für die Zukunft die Versorgungsschwierigkeit kleiner und kleinster Orte abgebaut werden. Der zentrale Ort bedeutet für das Umland oder den sogenannten sozioökonomischen Verflechtungsbereich, daß die Versorgungseinrichtungen nicht mehr im eigenen Siedlungsverband erbracht werden müssen, sondern daß sie im Mittelpunkt dieses Nahbereiches vorgehalten werden. Damit kann das Umland auf seinen relativ preiswerten landwirtschaftlichen Flächen seine Wohnfunktion ausbauen, die zu erhöhter Pendlerbewegung und damit zu einem verstärkten Straßenbau führt, während der Bevölkerungszuwachs in dem zentralen Ort wegen der höheren Grundstückskosten und der daraus resultierenden weniger attraktiven konzentrierteren Siedlungsweise geringer wird, die Versorgungsinfrastruktur für die wachsenden Anforderungen aus dem Umland jedoch weiter entwickelt werden muß. Mit der netzartigen Verteilung der zentralen Orte jeder Kategorie (Ober-, Mittel-, Unter-, Kleinzentrum) über das gesamte Land wird somit allerorten die bauliche Entwicklungsmöglichkeit signalisiert, von der erwartungs- und erfahrungsgemäß Gebrauch gemacht wird.
Damit wird eine Konzentration in den Ballungsräumen zwar nicht in Frage gestellt, aber die stärker ansteigende bauliche Füllung des ländlichen Raumes läßt sich nicht mehr aufhalten. An dieser Stelle muß einmal die Frage gestellt werden, wie weit die planerische Vorstellung, den Ballungsraum als überwiegend städtischen Raum gegenüber dem »Zwischenraum« als vorwiegend ländlich strukturierten Raum abzusetzen, tatsächlich sinnvoll ist und nicht vorherrschend von bestimmten Ordnungsvorstellungen geleitet wird.
Der Trend vergangener Jahre ließ die rechnerische Annahme zu, daß sich in Zukunft etwa 90 % der Bevölkerung eines als zivilisiert bezeichneten Landes in Städten ansiedeln wird. Somit wurde der

Stadt und ihrem Entwicklungsraum erhöhte Aufmerksamkeit gewidmet. Das schnelle Wachstum der Städte führte jedoch zu Folgeerscheinungen, die trotz erhöhter Bemühungen weder gebremst noch in den Griff bekommen werden konnten und was man heute als die Kristallisationspunkte von Ballungsbereichen betrachtet, sind alles andere als gute Voraussetzungen für eine Entwicklung in diese Richtung.

Genügt der Hinweis auf die wirtschaftliche Installation von infrastrukturellen Einrichtungen, qualifiziertes und vielfältiges Arbeitsplatzangebot, die optimale Nutzung von Massenverkehrsmitteln und als ein bedeutender Faktor die hohe Bevölkerungsdichte als Initiator urbanen Lebens? Diesen Hinweisen setzt der Kritiker Erfahrungen mit den bekannten Tatsachen gegenüber, daß sich in den stadtnahen Ausbaubereichen der letzten Jahre so etwas wie städtisches Leben nicht entfaltet hat, daß die Massenverkehrsmittel überwiegend weiter von denen benutzt werden, die sie auch bisher schon benutzten, den hohen Grad der Vermassung, weiterhin, die Tatsachen, daß infrastrukturelle Einrichtungen auch in kleineren Dimensionen wirtschaftlich sind und ein hochwertiges Arbeitsplatzangebot nicht zwangsläufig an Verdichtungsräume geknüpft ist.

Verfolgt man zusätzlich die als repräsentativ angesehenen Äußerungen eines Teiles der Bevölkerung in jüngster Zeit, die aus einer Erhebung des Institutes für angewandte Sozialwissenschaft [29] herauszulesen sind, dann möchten 25 % aller Erwachsenen in kleinen Dörfern und Landgemeinden wohnen, 30 % in Klein- und Mittelstädten. Nur 12 % entschieden sich dagegen für die Großstadt und weitere 18 % für die Großstadtnähe. Nach Lebensalter gegliedert wird der ländliche Bereich von 25 % der jüngeren, 33 % der mittleren und 50 % der älteren Bevölkerungsschichten bevorzugt.

Kann man ein solches Ergebnis als einen sich heute abzeichnenden und ernstzunehmenden Trend deuten? In erster Linie wohl als eine Antwort auf den heutigen Städtebau und damit für die Zukunft als deutliches Signal für ein Ausweichen der Bevölkerung in die als noch heil angesehenen Bereiche.

Doch all diese Faktoren sprechen noch nicht gegen den Ballungsraum, sie sprechen lediglich gegen die heutige städtische Siedlungsweise. Der ländliche Raum bietet zwar noch die Möglichkeit des Erwerbes eines Häuschens mit Gärtchen und trägt damit zur Verbreitung bürgerlicher Glückseligkeit bei, aber dieser Raum wird in etlichen Jahren derart von glücklichen Bürgern überschwemmt sein, daß die heute noch weniger spürbaren Nachteile, wie geringe Versorgung, Isoliertheit, lange Arbeits- und Schulwege, die Erfordernis des Zweitwagens, um einige zu nennen, voll zur Geltung kommen werden. Die derzeitige Tendenz scheint einen Pendelschlag anzudeuten. Der Run auf die Städte ebbt ab, es setzt die Völkerwanderung auf die Stoppelfelder ein.

Soll der Planer diesem vermeintlichen Trend folgen und die Wiesen der »Zwischenräume« erschließen oder soll er derartige Ströme mit der Sachkenntnis des Geschulten zu unterbinden suchen? Sollte die Entscheidung nach eingehender Prüfung sämtlicher Faktoren auf den Verdichtungsbereich fallen, und diese Entscheidung sollte alsbald getroffen werden, dann müssen diese Bereiche so gestaltet werden, daß der ländliche Raum keine unausweichliche Alternative zu dem städtischen Wohnangebot mehr darstellt.

Dazu gehört nicht allein die baulich räumliche Neugestaltung des verdichteten Lebensraumes, sondern auch die vollständige Überzeugung seiner Bewohner, von der Notwendigkeit und der Benutzbarkeit.

Die Stadt als Tätigkeitsfeld einer jungen und dynamischen Bevölkerungsschicht und der ländliche Bereich als Ruhezone der älteren Schicht könnte als Leitgedanke aus der oben wiedergegebenen Untersuchung herausgelesen werden, aber diese Idee stellt nur eine der möglichen Alternativen für ein künftiges Siedlungsgefüge dar. Unberücksichtigt bleiben dabei vorerst noch eine zu erwartende Verkürzung der Arbeitszeit und damit verbundenes ausgeprägtes Freizeitverhalten, die denkbare Veränderung der Ausbildungsmöglichkeiten und Arbeitsweisen, die Entwicklung neuer Verkehrsmittel, neuer Abwasserbeseitigungsmethoden, um nur einige Punkte zu nennen.

Ist denn guter Städtebau wirklich nur auf der Basis solch umfassender Überlegungen möglich, wird der Skeptiker fragen und den Verdacht schöpfen, daß hier wieder einmal nur der Versuch gemacht wird, irgendwelche ungeklärten und unbeantworteten Fragen vorzuschieben, um nicht Unfähigkeit eingestehen zu müssen. Die Frage, was guter Städtebau ist – darauf muß hier erneut hingewiesen werden – kann vorerst nicht beantwortet werden. Eines läßt sich jedoch darstellen, daß nämlich die Vorstellung von gutem Städtebau offensichtlich aus einer Zeit stammt, die sich zeitlich zwar nicht genau fassen läßt, die aber z. T. noch in den Erlebnisbereich der älteren Generation fällt und damit etwa 50 Jahre zurückdatiert werden kann. Hier war die Stadt noch etwas Eindeutiges, etwas Ablesbares; der ländliche Raum war erkennbar abgesetzt und der Bürger führte sein geruhsames Leben.

Die Stadt war nicht so sehr durch Randbebauungen zerklüftet, es wurde Block um Block angeschlossen. Das freistehende Einfamilienhaus jüngster Machart und in derartigen Mengen, wie es heute erstellt wird, war »früher« nicht bekannt. Wir haben heute mit diesen Einzelheimen, wie auch mit den freistehenden Mehrfamilienhäusern und den Punkthäusern, mit den Stadtautobahnen und Schnellstraßen, mit dem lärm- und abgaserzeugenden, sowie ungeheure Parkflächen fordernden Kraftfahrzeug neuere städtebauliche Einzelelemente, die noch nicht zu einer solchen Stadtform zusammengefügt werden konnten, die die uneingeschränkte Zustimmung ihrer Bewohner findet.

Hinsichtlich der baulichen Struktur wird weiterhin an ein Dorf Dörfliches, an eine kleinere Stadt Kleinstädtisches und an eine größere Stadt von jedem etwas angeplant.

Der Planer konzipiert fast ausschließlich gemäß den Erfordernissen, die sich aus der gegenwärtigen Situation ergeben. Für ihn als Auftragnehmer ist Wachstum das Wachstum innerhalb des Geltungszeitraumes eines Bauleitplanes und dieser Zeitraum signalisiert in der Regel noch nicht den erforderlichen Sprung in die nächste »Dichtekategorie« oder, wo ein solcher Sprung etwa notwendig werden sollte, da wird mit dem Hinweis auf die umgebende Bebauung (Länderbauordnung) ein mutloser Kompromiß geschlossen.

Das Dorf hört jedoch bei einer bestimmten Größenordnung auf, Dorf zu sein, soweit wir diesen Begriff in seiner ursprünglichen Bedeutung verwenden. Diese Siedlungsform hat ihre bestimmte bauliche Struktur und ihre bestimmte Lebensweise und diese Charakteristika gilt es, zur Kenntnis zu nehmen und zu bewahren oder an einer bestimmten Schwelle in die nächste Größenklasse zu transformieren.

Dörfer werden heute nicht mehr durch Bauernhöfe erweitert, sondern durch freistehende Einfamilienhäuser, die wegen ihrer Abmessungen und die umgebenden Grünstreifen für eine typische ländliche Bauform gehalten werden. Auf diese Weise wird das Dorf in der baulichen Struktur und durch die zugezogenen Bewohner auch in seiner Bevölkerungsstruktur total verändert.

Kleinstädte werden durch eine »gesunde« Mischung von dreigeschossigen Wohnblöcken und Familienheimen und die größeren Städte durch die ebenso »gesunde« Mixtur von achtgeschossigen Stangen, sechzehngeschossigen Türmen und erdgeschossigen Atriumhäusern erweitert. Die Mischungen werden nach dem Erfahrungssatz des prozentualen Anteils der einzelnen Bauformen für das jeweilige Erweiterungsgebiet zusammengestellt und über dieser Beschäftigung verliert man die Tatsache aus dem Auge, daß Dörfer und Städte einem konstanten Erweiterungsprozeß unterliegen und bei bestimmten zahlenmäßigen Größenordnungen die Überlegung angestellt werden muß, ob die bisherige Siedlungsweise fortgesetzt werden kann oder ob der Ort nunmehr bestimmte Voraussetzungen für eine neue Kategorie besitzt. Der Begriff vom Millionendorf kennzeichnet deutlich diese Art der Erweiterung. Wollte man jedoch das Dorf als Keimzelle einer großen Stadt ansehen, so wäre es anders zu entwickeln, als wenn das Dorf ein Dorf bleiben sollte.

Bei Städten ist die Entwicklungsrichtung eigentlich eindeutig, sie werden Städte bleiben, jedenfalls in jenen kompakten Bereichen, die wir als Innenstädte bezeichnen, während in den Randbereichen so etwas wie ein »Verdorfungsprozeß« eingesetzt hat, eine Parallelerscheinung zu dem Verstädterungsprozeß der ländlichen Siedlungsräume. Beide Prozesse führen auf das gleiche Ziel hin, jeweils von einer anderen Basis ausgehend und dieses Ziel, mehr unbewußt angesteuert, bedeutet die künftig völlige Egalisierung des baulichen Geschehens in sämtlichen Entwicklungsbereichen, eine bauli-

che Monostrukturierung, deren Alternativen die Zahlenwerte eines geographischen Koordinatensystems darstellen.
Die städtische Siedlungsform, einst bestimmt durch eine hohe Bevölkerungsdichte pro Flächeneinheit, durch eine gewisse Enge und Geschlossenheit von Straßen und Plätzen, weiterhin durch eine mit speziellen Merkmalen gekennzeichnete Bevölkerung, löst sich langsam auf in ein bauliches Gewirr auf Einzelgrundstücken, begründet mit der Forderung nach Licht, Luft, Hygiene, Lockerung und Grün, zerfließt richtungs-, ziel- und planlos in jene eigentümlichen Felder von separaten Wohneinheiten mit einer Bevölkerung, die sich aus der Masse herausgetrennt und zum Individualisten gekürt sieht.
Zweifelsohne erforderte und ermöglichte die technische Evolution ein neues Stadtgefüge, aber dieses Zusammenspiel von Technik und Stadt ist bis heute nicht annähernd bewältigt. Der Planer erhält in der Regel nicht den Auftrag, einmal unabhängig von einem baulichen Bedarf die Erfordernisse eines stadtähnlichen Gebildes zu konzipieren, die in vielleicht 50 Jahren, Herberge für die Mehrheit einer Bevölkerung darstellen wird, wobei in 50 Jahren nicht, wie irrtümlich immer wieder angenommen, etwas ganz Merkwürdiges an Stadtgebilde angeboten werden muß, damit das Angebot auch glaubwürdig zukunftsträchtig anmutet, sondern mit einem solchen Zeitraum soll lediglich angedeutet werden, wie hoch allein der zeitliche Aufwand angesetzt werden muß, um von einem Konzept über eine Vielzahl von erforderlichen Experimenten und den Ansatz einer Realisation zu einer überzeugenden Verbreitung einer neuen Konzeption zu gelangen.
Autos, Küchen- und Kriegsgeräte – um ein paar Beispiele zu nennen – werden Jahr um Jahr harten Tests unterzogen, um sie gemäß den jeweiligen Anforderungen, dem Konsumenten anzubieten, während die Stadt offensichtlich als etwas längst Erprobtes gilt und daher solcherlei Experiment als nicht erforderliche Spielerei betrachtet wird.
Was wird dabei auch schon herauskommen, wird der Skeptiker fragen, wissen wir doch längst, was gebraucht wird, nämlich größere Wohnungen zu geringen Preisen in ruhiger Lage mit viel Grün um-

geben, in unmittelbarer Nähe von Versorgungs- und Erlebnisbereichen und in verkehrsgünstiger Lage zu Arbeitsplätzen, Erholungsgebieten und kulturellen Einrichtungen und es dürfte doch wohl möglich sein, hierfür in wenigen Jahren einen vernünftigen Vorschlag auszuarbeiten.

Der Vergleich mit der Entwicklung eines Sicherheitsautos kann hier nur bedingt herangezogen werden. Annähernd jeder sieht die Notwendigkeit eines solchen Fahrzeugs, aber fast niemand der Betroffenen ist in der Lage oder auch gewillt, ein solches Gefährt zu finanzieren. Dem Konsumenten wird etwas angeboten, was er gerade noch bereit ist, zu bezahlen und das bedeutet in der Regel auch ein qualitatives Mindestangebot.

Stadtplanung dient, so gesehen, vornehmlich der Bedarfsdeckung nach wirtschaftlichen und vermuteten menschlichen Gesichtspunkten auf der qualitativ untersten Ebene, und die Planer sind gehalten, im Sinne solcher Faktoren Programme zu erdenken. Wie weit nun jene bereits genannten Vertreter anderer Wissensgebiete durch ihren Beitrag Planung im positiven Sinne zu beeinflussen vermochten, kann bis heute nicht überzeugend dargestellt werden. Ihr Einbruch in den architektonischen Alleingang bedeutet so etwas wie einen Stich in das Wespennest.

Es setzte eine erregte Geschäftigkeit ein, die mit einer literarischen Flut bisheriges Treiben in Frage stellte, den Architekten als »künstlerischen« Despoten bezeichnete, der sich Denkmäler zu setzen versuchte und die den Menschen auf die Bühne des Planungstheaters zitierte, damit diesem nicht länger Gewalt angetan würde.

Das etwa ist die augenblickliche Situation, die Erkenntnisse der Gehilfen werden sachlicher bis banal und die Städte fließen weiter auseinander, als sei dieses der gemeinsame und letzte Stand der Erkenntnis, und neuere Zielvorstellungen als Ergebnis einer demokratischen Gemeinsamkeit sind noch nicht erkennbar. Der Ungeist der Planer könnte damit weiterhin beschworen werden. Er ist zweifelsohne vielseitiger geworden, aber sein Machwerk spiegelt diese Vielseitigkeit keinesfalls wider. Planung bleibt damit weiterhin eine Mischung aus Mode, gültigem Baurecht, Konsumentenvorstellung und der Verpflichtung gegenüber der baulichen Erbmasse.

8. Untätigkeit einer Bauverwaltung

Wo die Stadtplaner so sichtbar versagen, da sollten wenigstens – so eine weit verbreitete Ansicht – die zuständigen Baubehörden rettend eingreifen und die Genehmigungen von »untauglichen« Bauleitplänen oder Einzelbauvorhaben versagen. Hier muß jedoch von Anbeginn klargestellt werden, daß die Baubehörden keine Versagungsbefugnis für Genehmigungen besitzen, um auf diese Weise »guten« städtebaulichen Planungen zum Durchbruch zu verhelfen und gleichsam einen Filter »Schlechtes« so lange zurückweisen, bis es einen bestimmten qualitativen Reifegrad erlangt hat.

Im § 6, Abs. 2 des Bundesbaugesetzes wird ausdrücklich bestimmt: »Die Genehmigung darf nur versagt werden, wenn der Flächennutzungsplan nicht ordnungsgemäß zustande gekommen ist oder diesem Gesetz (BBauG), den auf Grund dieses Gesetzes erlassenen oder sonstigen Rechtsvorschriften widerspricht.«

Das gleiche gilt, nach § 11 BBauG, für den Bebauungsplan. In den Planungsrichtlinien [30] wird erläutert: »Die Genehmigungsbehörde ist auf eine Rechtskontrolle beschränkt ... Weil ein Bebauungsplan (ebenso ein Flächennutzungsplan), der nicht den Anforderungen des § 1, Abs 3 bis 5 BBauG entspricht, gegen das Gesetz verstoßen würde, gehört zur Rechtskontrolle auch die Prüfung, ob der Bauleitplan den sozialen und kulturellen Bedürfnissen der Bevölkerung, ihrer Sicherheit und Gesundheit entspricht, die öffentlichen und privaten Belange gegeneinander und untereinander gerecht abgewogen sind und den sonstigen Anforderungen nach § 1 BBauG entsprochen ist.«

Es soll und kann hier nicht erläutert werden, wie schwierig es ist, soziale und kulturelle Bedürfnisse einer oft nicht bekannten Bevölkerung zu ermitteln, sondern es kann hier nur auf die zusätzliche Schwierigkeit verwiesen werden, nachzuprüfen, wie weit diese Bedürfnisse tatsächlich berücksichtigt sind, wenn in einem vorbereitenden Leitplan gemäß der Baunutzungsverordnung (BauNVO) ganz allgemein bestimmte Bauflächen wie z. B. gemischte Bauflächen oder nach der besonderen Art der Nutzung bestimmte Baugebiete (wie z. B. Mischgebiete oder Kerngebiete) ausgewiesen sind.

Nach dem § 6 (Mischgebiete) Abs. 2 der BauNVO sind dann nämlich »Anlagen für Verwaltungen sowie für kirchliche, kulturelle, soziale, gesundheitliche und sportliche Zwecke« zugelassen und damit die aufgeführten Bedürfnisse der Bevölkerung mindestens erwähnt. Wenn dann in einem verbindlichen Bauleitplan gemäß § 30 BBauG mindestens die Art und das Maß der baulichen Nutzung, die überbaubaren Grundstücksflächen und die örtlichen Verkehrsflächen festgesetzt werden, dann ist ein Vorhaben zulässig, »wenn es diesen Festsetzungen nicht widerspricht und die Erschließung gesichert ist«.

Damit bleibt die Vielzahl der Bedürfnisse einer Bevölkerung weiterhin berücksichtigt, denn es besteht weiterhin die Möglichkeit, Bauvorhaben, die kulturellen, sozialen oder anderen Zwecken dienen, in den entsprechenden Gebieten zu realisieren. Die Baugenehmigungsbehörde kann also immer wieder darauf verweisen, daß sie mit einer entsprechenden Genehmigung die Zulässigkeit der genannten oder anderer Bauvorhaben ausdrücklich befürwortet hat, nur gibt es eben keine Vorschriften, nach der diese, die Bedürfnisse abdeckenden Baulichkeiten, auch erstellt werden müssen.

Bauleitpläne, die der Genehmigungsbehörde vorgelegt werden, sind damit nicht grundsätzlich als »tauglich« oder »nicht tauglich« anzusehen, gewertet kann erst das Ergebnis werden und das entspricht dann in vielen Fällen nicht den Vorstellungen oder Erwartungen der Kritiker oder der schließlich betroffenen Bevölkerung.

Bauleitpläne haben den Belangen des Natur- und Landschaftsschutzes zu dienen, heißt es weiter im § 1, Abs. 5 BBauG und da sich heute annähernd jegliche bauliche Erweiterung in landschaftliche Bereiche hineinfrißt, so wäre hier hinsichtlich der baulichen Erweiterung äußerste Zurückhaltung zu empfehlen und das könnte beispielsweise bedeuten, durch bauliche Verdichtung so wenig Flächen wie möglich in Anspruch zu nehmen, wobei eine bauliche Verdichtung, z. B. durch Erhöhen der Geschoßzahl, ebenso wenig zum Schutze der Landschaft beiträgt. Es wird daher äußerste Zurückhaltung hinsichtlich der baulichen Höhenentwicklung geübt, um nicht mit den erfahrungsgemäß schlecht gestalteten Baukomplexen allzu sehr die Landschaft zu beeinträchtigen und gerade diese wohlgemeinte Zurückhaltung, die andererseits den Bauwünschen der Bevölkerung so sehr entgegen kommt, bedarf größerer Bauflächen. Wenn weiterhin gefordert wird (§ 1, Abs. 5 BBauG), um nur einige Beispiele zu nennen, daß die Bauleitpläne der Gestaltung des Orts- und Landschaftsbildes zu dienen haben, so gilt es, hier einmal eindeutig und verbindlich zu erklären, was tatsächlich der Gestaltung des Orts- und Landschaftsbildes dient, denn hier findet man so vielfältige Vorstellungen, die von den persönlichen Wohnwünschen bis zu den planerisch und städtebaulich für notwendig gehaltenen Kompositionen reichen, die zumeist den Vorstellungen einer Vielheit der Bevölkerung nicht entsprechen. Die Haltung der Behörde kann daher nur von der Absicht bestimmt sein, so wenig wie möglich falsch zu entscheiden, da die Möglichkeit einer »richtigen« Entscheidung äußerst gering ist.

Die Genehmigungsbehörde kann weiterhin, gemäß § 14 BBauG, keine Veränderungssperre für bestimmte Baugebiete beschließen, um hier eine planungsbehindernde Bautätigkeit für mindestens den entschädigungsfreien Zeitraum (§ 18 BBauG) zu unterbinden. Sie darf, wenn eine solche Veränderungssperre von der Gemeinde nicht beschlossen wurde, auf Antrag dieser Gemeinde, die Entscheidung über die Zulässigkeit baulicher Anlagen im Einzelfall für einen Zeitraum bis zu 12 Monaten aussetzen, wenn die Planung durch diese Anlage erschwert oder gar verhindert würde. Das bedeutet eine nur magere Einflußmöglichkeit auf planerische Entwicklungen und möglicherweise Fehlentwicklungen, wenn man bedenkt, daß hierfür der auslösende Antrag einer Gemeinde erforderlich ist.

Der Vertreter der Baubehörde in der Genehmigungsposition benötigt somit, überspitzt formuliert, eigentlich kaum eine baulich fachliche Qualifikation, sondern im wesentlichen die Kenntnis der gültigen Gesetze und Vorschriften und die Fähigkeit, Planungsabsichten in zeichnerischer und verbaler Form, mit dem nach diesen Vorschriften Zulässigen oder Geforderten zu vergleichen und im Falle der Übereinstimmung den Genehmigungsvermerk anzubringen oder im Falle einer Divergenz zuvor einen genehmigungsfähigen Kompromiß herzustellen. Die Existenz der Genehmigungsbehörde könnte damit als eine Art Katalysator im Planungsgeschehen gesehen werden und diese in der Öffentlichkeit nicht umfassend erkennbare Tätigkeit bringt ihr den Ruf der Handlungsunfähigkeit ein, während umgekehrt, eine Zustimmungs- oder Ablehnungsbefugnis nach eigenem Ermessen oder einem konkreten Detailkatalog ihr den Ruf des staatlichen Dirigismus in Bauangelegenheiten eingetragen würde.

Der Baufachmann in der Behörde kann beratend tätig sein, er kann den in Planungsangelegenheiten in der Regel unsicheren Gemeinden Hinweise auf jene Erfordernisse geben, die, mit den Gesetzen vereinbar, am ehesten Aussicht auf Zustimmung haben, aber er kann an seinem Platz keine städtebaulichen Theorien entwickeln, die als verbindlicher Maßstab künftiger Planungen herangezogen werden, da eine Behörde kein städtebauliches Forschungsinstitut darstellt. Der Brite Paul Krisis [31] sieht den Verwaltungsbeamten in folgender Position: »Ihre Aufgabe ist die Koordination der vielfältigen Bedürfnisse und Anforderungen. Sie wird am besten dadurch gelöst, daß man ein gesundes menschliches Verständnis den vielen, sich widersprechenden Argumenten entgegenbringt, die von den Sachverständigen vorgetragen werden ... Die Entwicklung im Raum ist dann das Ergebnis dieser Koordination.«

Damit bewegt er sich an der Nahtstelle zwischen Ironie und Realität, was jedoch nicht mehr zutrifft, wenn er die »kulturellen Werte dieser verantwortlichen Kräfte« herausstellt: »Die Werte für diese Tätigkeit wurden schon vor langer Zeit durch Pontius Pilatus festgelegt, als er seine Hände in Unschuld wusch.«

Hier wäscht niemand seine Hände in Unschuld, sondern in der zuweilen beunruhigenden Gewißheit, die Vorschriften beachtet zu haben!

Es ist aus den Reihen der Behörden – und das muß nochmals hervorgehoben werden – kein städtebaulich praktikables Konzept zu erwarten, sondern hier wird über die rechtmäßige Anwendung und den Vollzug der gültigen Gesetze gewacht und die Ergebnisse dieser Anwendungen können als fast ebenso gut angesehen werden, wie die Gesetze selbst.

9. *Das sogenannte Gesellschaftliche*

Müssen wir Städte für eine neue Gesellschaft konzipieren oder werden neu konzipierte Städte eine neue Gesellschaft hervorbringen? Zwei Fragen, an die sich sofort weitere anschließen, nämlich die Frage, ob es eigentlich so etwas wie eine neue Gesellschaft bereits gibt und wenn ja, welches ihre hervortretenden Merkmale sind und wie diese wiederum ihren baulichen Niederschlag finden könnten, und weiterhin die Frage, ob neue Stadtformen zwangsläufig eine neue Gesellschaft zur Folge haben werden. Ist beispielsweise die Veränderung unserer Städte bereits ein Hinweis auf das Vorhandensein einer neuen Gesellschaft, der wir nur in zunehmendem Umfang ihre »angemessene« Umwelt nachformen?

Versuchen wir hier den Begriff Gesellschaft zunächst einmal zu erläutern. »Gesellschaft«, so lautet eine Definition [32], »ist eine durch zweckbestimmtes, verstandesmäßiges Zusammenleben und -arbeiten gebildete Menschengruppe, deren Glieder nicht durch ein tieferes Prinzip geeint zu sein brauchen wie im Falle der echten Gemeinschaft.«

Ortega y Gasset [33] schreibt in seinem Werk ›der Mensch und die Leute‹: »Das Gesellschaftliche besteht in menschlichen Handlungen und Verhaltensweisen ... ist jedoch keine Verhaltensweise unseres menschlichen Lebens als einsames Leben, sondern tritt nur dort in Erscheinung, wo wir mit anderen Menschen in Beziehung stehen ... Die Grundfaktoren des Gesellschaftlichen sind Bräuche ... Formen menschlichen Verhaltens, die das Individuum übernimmt und vollzieht, weil ihm ... kein anderer Ausweg bleibt. Sie werden ihm durch die Umgebung, mit der es zusammenlebt, durch die übrigen, die Leute, die Gesellschaft, aufoktroyiert.«

Die Stadt ist der Aufenthaltsort von Individuen und für diese Individuen werden Wohneinheiten zusammengestellt, wird die gebaute Umwelt formuliert. Die Stadt wird für Menschen erweitert, gemäß ihren kollektiven Bedürfnissen und gemäß allgemeiner Forderungen, sie wird nicht für eine Gesellschaft und damit auch nicht für eine neue Gesellschaft konzipiert und umgekehrt wird mit einer »neuen Stadt« nicht zwangsläufig eine neue Gesellschaft kreiert.

Mit den ausufernden Städten ändern sich jedoch nachweisbar menschliche Gewohnheiten und auch Verhaltensweisen; der Mensch versucht, sich der neuen Situation anzupassen. Der »draußen« Wohnende zeigt erkennbar andere Gewohnheiten als der Innenstadtbewohner mit seinen annähernd bekannten Verhaltensweisen in bezug auf die Benutzung der Stadt. Draußen zu wohnen bedeutet längere Arbeits- und Schulwege, es bedeutet in der Regel einen größeren Abstand von kulturellen Einrichtungen – soweit diese überhaupt in Anspruch genommen werden – und es bedeutet oft eine größere Distanz zu bestimmten Versorgungseinrichtungen. Es bedeutet möglicherweise ein überwiegend andersartiges Freizeitverhalten und sicher einen anderen Kontakt zur »Stadt«. Die Zahl derer, die davon betroffen ist, wächst permanent, da die Zahl der draußen Wohnenden ständig zunimmt. Mit der Änderung der eigenen Gewohnheiten und Verhaltensweisen als Anpassung an die Veränderungen der Städte ist ebenso eine Änderung im »zweckbestimmten und verstandesmäßigen Zusammenleben und -arbeiten« der Menschengruppen nicht nur zu erwarten, sondern tatsächlich abzulesen. Freundschaftliche Kontakte werden z. B. seltener, weil der zeitliche Aufwand eine Begegnung innerhalb der Arbeitswoche kaum noch gestattet und die Wochenenden wohl dosiert auf verschiedenartige Ereignisse verteilt werden. Das Nez der Bekannten wird weitmaschiger und persönliche Kontakte werden zunehmend durch telefonische ersetzt. Der eigene Standort, weit draußen vor der Stadt, kommt einem Rückzug gleich, einem Rückzug aus der Stadt, aus einer »menschlichen« Umwelt, aus dem traditionellen Erlebnisbereich in die Isoliertheit des eigenen Häuschens und Gärtchens, und die Benutzung des eigenen Kraftfahrzeuges, in vielen Fällen die einzig zumutbare Verbindung zwischen Behausung und Arbeitsplatz, bedeutet ebenfalls Rückzug aus dem öffentlichen Bereich. Das Auto schirmt gleichsam einem Faradayschen Käfig von der Umwelt ab. Mit dem Fernsehgerät wurde weiterhin der Rückzug aus dem kulturellen Bereich ermöglicht, mit Kühlschrank und Kühltruhe der Rückzug aus dem Krämerladen in den Verbrauchermarkt, den man nur noch einmal im Monat aufzusuchen braucht. Kleine Kinder werden im eigenen Garten vor den Gefahren der

Straße bewahrt und damit zum nicht geringen Teil auch vor dem Kontakt mit den Kindern der Nachbarschaft. Ein Wasserbecken in diesem Garten macht unabhängig von eng belegenen Seeufern und die Beschäftigung mit der privaten Grünfläche reift zu einem neuen Hobby.

Die frühere Enge der Städte, die teilweise sogar zu einer zwangsläufigen Teilnahme am nachbarlichen Geschehen führte, wurde zugunsten hygienischer Forderungen zunehmend abgebaut. Die für viele so beruhigende Anonymität der großen Stadt wandelt sich zunehmend zu einer vorstädtischen Isolation aus der heraus die heftig geforderte Bereitstellung von wieder zusammenführenden Kommunikationsflächen erwuchs. Durch bauliche Maßnahmen sollte auf diese Weise einer sich abzeichnenden unerwünschten Entwicklung begegnet werden, menschliche Kontakte sollten durch eine Mehrzahl der klassischen Kommunikationsstätten, wie Cafes, Kneipen und Restaurants wiederbelebt werden, eine Spontanreaktion auf das vermeintliche Erkennen des aus dem schnellen Städtewachstum ererbten Problems. Die Stadterweiterungen und -veränderungen der jüngsten Zeit haben zweifelsohne bestimmte Veränderungen der Verhaltensweisen zur Folge, aber diese Veränderungen waren nicht beabsichtigt und nicht einmal vermutet, sie sind die unangenehmen Begleiterscheinungen der neuen Dimension.

Nimmt man die neue Dimension in den Katalog für ein künftiges städtebauliches Konzept auf, so sind die unter Beibehaltung bisheriger Siedlungsweise daraus resultierenden menschlichen Verhaltensweisen als warnendes Signal mit zu vermerken. Neue bauliche Konzepte müßten folglich andere Verhaltensweisen initiieren können und zwar solche, die als »wünschenswert« anzusehen sind. Doch läßt sich etwa wünschenswertes Verhalten vorprogrammieren? Läßt sich so etwas wie eine Gebrauchsanweisung für Städte verfassen? Mit der heutigen Forderung nach Verdichtung der besiedelten Räume soll einerseits die flächenfressende Siedlungsweise eingedämmt, aber andererseits an die lebendige Vergangenheit unserer Städte angeknüpft werden in der zweifelhaften und verzweifelten Hoffnung, einer unruhigen Bevölkerung auf diese Weise wenigstens den äußeren Rahmen für Urbanität zurückzugeben.

Aber es bleibt die Frage, ob sich menschliches Verhalten durch eine gebaute Umwelt reformieren läßt, ob wir nicht ganz bestimmte Wandlungen als zeitbedingt zur Kenntnis nehmen müssen, die ein Anknüpfen an alte Vorbilder nicht mehr erlaubt.

Bauen für eine neue Gesellschaft ist schon deswegen undenkbar, weil es für diese neue Gesellschaft kein Leitbild und keine sichtbare und katalogisierbare Tendenz gibt und ein solches auch wohl kaum zurechtgerechnet werden kann. Aus verschiedenen Trends und Tendenzen läßt sich nichts als so verbindlich herauslesen, daß daraus eine allgemeine Regel und dafür wiederum eine bauliche Lösung abgeleitet werden kann. Eine weitere Verkürzung der Arbeitszeit und damit die mögliche Ausweitung der Freizeit wäre zunächst einmal eine ablesbare Entwicklungsrichtung, die aber so verschiedenartiges Verhalten zur Folge haben kann und es kann weder über das Eintreffen einer bestimmten Verhaltensweise noch über den prozentualen Anteil eines bestimmten Merkmals an der Gesamtbevölkerung eine planerisch relevante Aussage gemacht werden.

Wird die Freizeit beispielsweise verwendet, um in größerem Umfang zu reisen, um mehr Sport zu treiben, um sich vielleicht fortzubilden, um irgendwelchen Hobbies nachzugehen, die bestimmte bauliche Maßnahmen erfordern, um eine geldbringende Nebentätigkeit auszuüben, ein Zweitstudium aufzunehmen, wird der Zuwachs an Freizeit zu einem stärkeren Anwachsen der Langeweile führen oder wird ein Mehr an Freizeit sich gar nicht auswirken, da der verkehrsbedingte Zeitaufwand den Gewinn auf der einen Seite völlig verschlingt.

Die Verkürzung der Arbeitszeit für einen Teil der Bevölkerung, für sicherlich den größeren Teil, kann für den anderen Teil durchaus eine Verlängerung bedeuten. Die Bevölkerung teilt sich möglicherweise in die Gruppe der »Spielenden« (stark freizeitlich Orientierten) und die Gruppe der »Arbeitenden« (die beruflich stärker Geforderten). Die sich daraus ergebenden sozialen Spannungen und Rivalitäten sollen und können hier nicht weiter verfolgt werden.

Aber auch die Arbeitsweise selbst kann sich ändern. Eine Reihe von beruflichen Tätigkeiten kann man sicher in der eigenen Wohnung ausüben, benötigt damit vielleicht einen separaten Arbeitsraum und

braucht sich nicht in die täglichen Pendlerströme einzugliedern. Die Änderung der Unterrichtsmethoden ist denkbar und die Möglichkeit der Einführung einer Ganztagsschule wurde bereits erwähnt. Auch die immer wieder prognostizierte höhere Lebenserwartung der Menschen wird ihre Auswirkungen haben, wenn sie tatsächlich eintreffen sollte, sie wird den Anteil der älteren Generation um einen bestimmten Prozentsatz erhöhen und damit auch die derzeit bereits bekannten Probleme, oder aber der Mensch entschließt sich, bei verkürzter täglicher oder wöchentlicher oder jährlicher Arbeitszeit länger am Arbeitsprozeß teilzunehmen als bisher.
Aus all diesen Überlegungen kann sich ein zunehmend geringeres Interesse an der unmittelbaren Umwelt herauskristallisieren, aber auch das Gegenteil. Eine denkbar stärkere Unabhängigkeit von Schule und Arbeitsplatz kann zu einem plötzlichen Verlassen der städtischen Konglomerationen führen, zu einer Stadtflucht und zu einem heuschreckenähnlichen Einfall in landschaftlich reizvolle Gebiete, die damit dem Kahlfraß ausgeliefert werden, wie wir es verschiedentlich heute bereits beobachten können. Gewiß, alles Vermutungen, aber durchaus solche mit realem Gehalt.
Es soll hier jedoch keine düstere und beängstigende Zukunftsvision aufgezeichnet, sondern nur eine kleine Zahl von Imponderabilien vorgestellt werden, die eine Abstimmung möglicher künftiger Bebauungsabsichten auf eine nicht zu bestimmende Gesellschaftsform als kaum durchführbar sichtbar werden läßt.
Wie demgegenüber neuartige bauliche Gebilde und technisches Gerät neue Verhaltensweisen auslösen können, wurde versucht, darzustellen. Nun ist aber aus einem baulichen Konzept bei der Aufstellung mit Sicherheit nicht die menschliche Reaktion herauszurechnen und damit die Richtigkeit oder die Unbrauchbarkeit dieses Konzeptes zu überprüfen. Darüber hinaus kann aber auch gesagt werden, daß menschlich anderes Verhalten als angenommen eine Konzeption nicht von Anbeginn in Frage stellt und es kann somit aus bestimmten Verhaltensweisen nicht sofort ein verbindliches Urteil über ein neues Konzept abgeleitet werden.
Neue städtebauliche Konzepte können daher zunächst eigentlich nur Experimente sein, auf der Basis technischer Möglichkeit und plane-

rischer Notwendigkeit, auf der Basis wirtschaftlicher Überlegungen und gestalterischer Forderungen, sowie auf der Grundlage bisheriger Erfahrungen hinsichtlich der Verhaltensweisen. Solche Experimente bedeuten nicht, ein Trichterhaus mit einem Hügelhaus zu vergleichen oder eine bestimmte Zahl von Menschen in »Clip-on«- oder »Plug-in«-Gebilde zu stecken und sie dort von einem Mediziner und einem Psychologen ständig beobachten zu lassen.
Dem Experiment müssen planerische Vorstellungen zugrunde liegen, die den Versuch darstellen, bekannte Probleme zu lösen und die für den Bewohner sowie den Betrachter überzeugende Alternativen zu bisherigen Angeboten darstellen. Das Experiment muß sichtbar machen, welche Verhaltensweisen durch welches Konzept beeinflußt werden, wobei Verhaltensweise nicht personenbezogen gesehen werden darf, sondern gruppen- oder schichtenspezifisch und damit vielleicht einen planerischen Aussagewert besitzt. Das heißt: Experimente müssen in einem bestimmten Umfang, in einer bestimmten Zahl und über eine längere Zeit durchgeführt werden und sie sollten alle denkbaren Standortvarianten erfassen.
Das Experiment ist in allen Entwicklungsbereichen eine geläufige Phase, die der Auslieferung eines Produktes vorangeht. Das »Produkt« Stadt war von dieser Phase bislang ausgeschlossen und daher können auch immer wieder nur Vermutungen über Neuartiges angestellt werden, die verständlicherweise keine ausreichende Grundlage für eine Kursänderung darstellen.
Wie weit ist die lange Zeit in den Vordergrund gerückte Polarität zwischen Privatheit und Öffentlichkeit ein städtebaulich relevanter Faktor? Ist das nicht ein räumlich konstruiertes Spannungsfeld mit der Nahtstelle Wohnungstür? Verhält sich der Mensch tatsächlich privat und öffentlich oder verhält er sich immer privat mit einer gewissen, durch die Bräuche geregelten Kontakthemmung außerhalb der Wohnungstür. Wie weit könnte oder müßte man sich um den Abbau solcher Kontakthemmungen bemühen und nicht immer wieder nur ihre Ursachen in der gebauten Umwelt entdecken wollen, in dem Fehlen von Parkbänken und Cafés, in den kahlen Treppenhäusern und den engen Personenaufzügen? Weist nicht der zufällige oder beabsichtigte Rückzug der Bevölkerung aus den urbanen

Bereichen in die isoliert stehenden Häuser auf einen zunehmend schwindenden Kontaktwillen hin, dessen Ursachen vermutlich an ganz anderer Stelle zu suchen sind als in den sichtbaren Unzulänglichkeiten der Stadtrandsiedlungen und der abnehmenden Attraktivität der Innenstädte?
Bedeutet Kontakthemmung Resignation oder vornehme Reserviertheit gegenüber einer unförmigen Masse, von der man sich deutlich absetzen möchte; läßt sie einen Trend erkennen, ist sie ein Attribut bestimmter Altersgruppen?
Nur ein paar Fragen, deren Beantwortung auch für den Städtebauer von größerem Interesse sind.
Untersucht werden jedoch immer wieder die »alten Stadtmodelle« und die dort herausgezählten Ergebnisse sind unbefriedigend bis unbrauchbar. Der Mensch und die Leute werden hartnäckig über ihr Wohlbefinden im Quartier und in der Stadt ausgefragt und aus ihren Antworten versucht man, ein Mosaik zusammenzusetzen, das anschließend als Vorlage für die weitere planerische Tätigkeit dienen soll. Aber wie weit sind die Aussagen der sogenannten betroffenen Bürger wirklich brauchbare Anhaltspunkte, um daraus ebenso brauchbare Konzepte zu entwickeln?

III. Die Kritiker

1. Betroffene Bürger

Mit dem betroffenen Bürger wird eigentlich nur ein Teil der Gesamtbevölkerung in den Vordergrund des Planungsgeschehens geschoben. Ungeklärt oder mindestens unklar ist dabei, wer eigentlich als betroffener Bürger bezeichnet wird. Wenn verschiedentlich behauptet wird, jeder der irgendwie wohne und irgendwo lebe, also grundsätzlich alle, gehöre zu den Betroffenen oder gar zu den Opfern der Planung, so muß das als nicht ganz zutreffend angesehen werden.

Als Betroffener könnte derjenige bezeichnet werden, der nicht seinen mehr oder weniger präzisen Vorstellungen gemäß zu wohnen und zu leben vermag, der sich in bestimmte Situationen gezwungen und in einer unentrinnbaren Abhängigkeit sieht und der diesen mißlichen Umweltbedingungen mit eigenen Mitteln nicht entkommen kann. Ganz pauschal, aber vielleicht nicht ganz zutreffend: Die Betroffenen sind die Unzufriedenen, diejenigen, die sich durch planerische Ergebnisse eingeengt, mißachtet oder gar bedroht fühlen. Geht man den Ursachen der Unzufriedenheit nach, so sind dieses die bereits genannten Faktoren, wie hohe Mieten, Lärm, möglicherweise wenig Grün, ganz sicher verstopfte Straßen und weite Wege, und der gutgemeinte Versuch, den Betroffenen künftighin am Planungsgeschehen zu beteiligen, soll ihm die beruhigende Gewißheit vermitteln, am eigenen Schicksal entscheidend mitgewirkt zu haben. Den Erfolg einer solchen Aktion im voraus zu berechnen, wird von den Optimisten als unzulässig angesehen, da einer Beteiligung zweifelsohne zunächst einmal Information und in gewisser Weise auch Schulung vorangehen muß. Der Bürger kann zwar einigermaßen wertfrei und objektiv informiert werden, doch eine Schulung, eine Einweisung in das Problemgebiet kann kaum noch wertfrei vorgenommen werden und es kann vor allem, wie bereits dargestellt, keine bessere Möglichkeit aufgezeigt werden, die als eine Art Orientierungshilfe angesehen werden kann. Es kann von Notwendigkeiten und Zwängen gesprochen werden, es können möglicherweise Idealprogramme vorgestellt und diskutiert werden, aber was gut und richtig ist, vermögen ja nicht einmal die Fachleute zu sagen. Zieht man einmal das allgemein menschliche Interesse am tagespolitischen Geschehen insoweit als Vergleich heran, als auch hier von vielseitiger Betroffenheit gesprochen werden kann, so lassen sich bereits einige anschauliche Hinweise bezüglich der Dauer einer Bürgeraktivität und der jeweiligen Blickrichtung der Angesprochenen herauskristallisieren. Daraus soll nicht von Anbeginn eine zurückhaltende Bewertung abgeleitet werden, aber der Beteiligungsfaktor muß im Gesamtbild richtig eingeordnet und darf nicht aus der Euphorie der Bedrängten heraus in der Werteskala zu hoch angesetzt werden.

Die resignierende Haltung vieler Betroffener, daß man ja doch nichts ausrichten könne, die anderen ja doch tun und lassen, was sie wollen und daher jedes Engagement wirkungslos sei, ist der Zeitpunkt der unbestreitbaren Erkenntnis, wieviel Zeit zu investieren ist, um in die »Geheimnisse« des Planens einzudringen, um die oft engen Grenzen gesetzlicher Bestimmungen und anderer Zwänge zu ergründen, um endlose Diskussionen zu führen, die hier überzeugen, dort informieren und am Ende eine gute Sache erbringen sollen, um möglicherweise noch zu erleben, daß doch nichts grundsätzlich Neues Wirklichkeit wurde. Wenn zudem das Geplante dem Beteiligten nicht persönlich gilt, sondern dieser lediglich aus der Position des interessierten Bürgers, also aus einer gleichsam neutralen Position heraus beratend mitwirkt, so gehört schon ein gutes Maß an Idealismus dazu, beständig die Stimme aus der »dritten« Welt zu präsentieren. Da der betroffene Bürger als nicht geschulter Idealist zunächst einmal nicht mehr tun kann, als gute Tips geben, die seiner persönlichen Erfahrung entnommen sind, so wird sein Beitrag zwar zur Kenntnis genommen, aber zunächst als Hinweis eines Mitspie-

lers, der sich seine Gedanken macht, bis sein Reifeprozeß am Objekt einen tieferen Einblick in das komplexe Geschehen erlaubt.
Wie weit vermag aber der Betroffene aus einer Planung, aus einem Plan, tatsächlich seine eigenen Belange herauszulesen, um daran zu ermessen, wie weit sie berücksichtigt oder vernachlässigt wurden? Ist das wirklich eine Frage der Schulung?
Unterstellen wir, daß ja auch der Planer gleichsam »Opfer« seiner eigenen Werke sein kann und er als ebenfalls Betroffener sicher auch diesen Standpunkt zu vertreten weiß – denn es kann nicht von der Annahme ausgegangen werden, daß die Schar der Planer die eigene Wohnsituation immer zur vollen Zufriedenheit zu lösen vermag – so kann der Betroffene seine Belange durch diese Personengruppen eigentlich am besten vertreten wissen. Da jedoch der Planer gemäß Bundesbaugesetz zusätzlich die privaten gegenüber den öffentlichen Belangen gerecht abzuwägen hat (§ 1, Abs. 4 BBauG), so ist sein Ergebnis in der Regel ein Kompromiß dieses Wägens, und private Belange müssen zuweilen hinter öffentlichen zurücktreten.
Die Beteiligung der Bevölkerung oder wenigstens der interessierten Gruppen einer Bevölkerung bedeutet ja nicht, mit diesen gemeinsam grundsätzliche stadtplanerische Zielvorstellungen zu entwicklen, sondern die unmittelbare Wohnumwelt der Menschen so auszugestalten, daß diese sich darin vermutlich wohlfühlen werden. Dabei werden persönliche Forderungen gestellt wie z. B. mehr Kindergärten und Schulen von Familien mit Kindern, mehr kulturelle Einrichtungen eventuell von älteren Leuten und mehr Grün als gemeinsame Forderung. Bäume in der Stadt sind immer richtig!
Die Forderungen spiegeln das Anliegen einer bestimmten Bevölkerungsstruktur wider und da die Bevölkerungsstruktur eines Neubaugebietes in den ersten Jahren oft atypisch ist, (Überwiegen der jüngeren Bevölkerungsschicht, hohe Kinderzahl) wie es z. B. im Märkischen Viertel in Berlin nachgewiesen werden konnte, so kann der wahre Bedarf erst nach einigen Jahren ermittelt werden, wenn sich durch Umzüge oder durch Heranaltern eines bestimmten Prozentsatzes der Bevölkerung die Struktur eingependelt hat. Mit der Änderung der Struktur ändern sich jedoch auch bestimmte Verhal-

tensweisen und Forderungen, aber der Bevölkerungsbewegung kann die Veränderung der infrastrukturellen Einrichtungen später schwerlich angeglichen werden.
Der Planer muß daher den Forderungen der Betroffenen mit Zurückhaltung begegnen. Der Planer hat eine längerzeitige Entwicklung ins Auge zu fassen, der betroffene Bewohner lediglich sein augenblickliches Wohlbefinden und aus diesen unterschiedlichen Blickrichtungen ergeben sich unterschiedliche Forderungen.
Nehmen wir z. B die abweichenden Auffassungen hinsichtlich der Fortsetzung der Einfamilienhausbebauung. Der Planer sieht, und er muß aus seiner Verpflichtung gegenüber der Berücksichtigung öffentlicher Belange die permanente Zersiedelung der Landschaft sehen, die für diese Siedlungsform hohen Kosten für Ver- und Entsorgung, die ständige Umsetzung von Waldflächen und landwirtschaftlichem Boden in besiedelte Flächen und Verkehrsflächen und er muß Zwischenergebnisse dieses Trends wenigstens gedanklich einblenden. Demgegenüber steht die Vorstellung vom gesunden Wohnen im Grünen, in frischer Luft, vom ruhigen und kinderfreundlichen Wohnen, weiterhin der Wunsch, Kapital zu bilden oder anzulegen, Steuerersparnis, Unabhängigkeit von Mietsteigerungen, Vermietern und Kündigungen und eine gewisse Unabhängigkeit von der Inflationsrate, soweit es sich um Eigentum handelt. Eigentlich alles bekannte Gesichtspunkte.
Wie aber lassen sich diese verschiedenen Forderungen zu einem für alle befriedigenden Kompromiß verschmelzen?
Die fortschreitende Zersiedlung der Landschaft erfordert die drastische Einschränkung bestimmter Siedlungsformen, ebenso wie eine wirtschaftliche Erschließung und Versorgung. Die Forderungen und Wünsche der Bevölkerung könnten hingegen auch bei konzentrierter Bauweise berücksichtigt werden, bis vielleicht auf den eigenen Garten, aber kann wirklich nur der eigene Garten das friedvolle Aufwachsen der eigenen Kinder garantieren oder die dringend benötigte Erholung bieten? Lärm- und Abgasentwicklung der Autos lassen sich mindern, das ist technisch möglich, aber hat die Bevölkerung je solche Veränderungen so lautstark gefordert, wie die Änderung oder besser die Anpassung der Städte an diese Gegeben-

heiten? Lärm kann auf zwei Arten gemindert werden, nämlich durch Vergrößerung der Distanz zwischen der Schallquelle und dem Empfänger oder gleichbedeutend das Zwischenschalten von schalldämmenden Maßnahmen oder aber durch Abschalten der Schallquelle.
Noch versucht sich eine Vielzahl der Bevölkerung, von dem lärmenden und stinkenden Gebilde Stadt zu entfernen und nimmt in die neu erschlossenen Gebiete ihre lärmenden und stinkenden Fahrzeuge mit, benötigt sie draußen viel häufiger, oft nur zum Zigarettenholen, wird zunehmend abhängiger vom Fahrzeug und die »Notwendigkeit« eines Zweitwagens ist eher im Außenbereich als in der Stadt gegeben, wo das Massenverkehrsmittel und das Taxi zur Verfügung stehen.
Die Minderung von Lärm und Abgas könnte die Städte alter Fassung wieder bewohnbarer machen, aber will die Bevölkerung eigentlich noch in solchen Städten wohnen?
Blenden wir noch einmal das statistische Ergebnis des Instituts für angewandte Sozialwissenschaft ein, so zieht es die überwiegende Mehrheit der Befragten in den ländlichen Bereich. Würde diese landorientierte Bevölkerung der Stadt wieder den Vorzug geben, wenn bestimmte Voraussetzungen geändert würden oder bliebe es bei dem genannten Prozentsatz? Unterlägen damit den Vorstellungen vom Wohnstandort ganz andere Forderungen? Darauf gibt es keine Antwort, immer noch keine Antwort, obgleich diese eine bedeutende Information für den Planer darstellen würde. Will der »Wohlstandsbürger« noch Städte bewohnen oder hält er das freistehende Einfamilienhaus für die ihm angemessene Wohnform? Kann er andererseits die Städte noch bewohnen aufgrund geänderter Auffassungen, Verhaltensweisen, Gewohnheiten und Vorstellungen? Und eine solche Bevölkerung, kann sie eine Stadt noch mit Leben erfüllen, ist die Stadt nicht etwa so lebendig wie ihre Bewohner? Wie weit kann da wirklich noch von Betroffenen und wie weit muß da bereits von Beteiligten gesprochen werden? Und gehören nicht auch zu den Beteiligten jene politischen Gremien, die solche Besiedelungsformen auf ihre Programme setzen, weil »die Bevölkerung sie fordert und offensichtlich nichts anderes verkauft werden kann«. Wie weit gehören Grundeigentümer, Spekulanten, Makler

und auch die Industrien zu den Beteiligten am derzeitigen Städtebau und wie weit können diese einflußnehmenden Gruppen auf ihre wahren Positionen als Unterstützende zurückgewiesen werden?
Die Gliederung in Betroffene und Beteiligte ist sichtbar vorzunehmen, damit echte Forderungen der wirklich Betroffenen von solchen, die unter dem Deckmantel der Betroffenheit nur der Mehrung des Profits dienen, getrennt werden können.
Grünflächen sind beispielsweise Flächen, die keine Erträge bringen, die aber von der Bevölkerung in wachsendem Umfang in unmittelbarer Nähe ihrer Behausungen gefordert werden. Für diese Art der Gemeindebedarfsfläche ist die Kommune zuständig, für den Erwerb und den Unterhalt und es ist damit erklärbar, daß öffentliches Grün nur im »notwendigen« Umfang bereitgestellt wird. Wie groß ist aber tatsächlich der Bedarf an Grünfläche? Genügen 10 oder 20 Quadratmeter pro Person? Benötigt man in der Stadt ein auf kleine Flächen verteiltes Splittergrün oder sollte dieses sinnvoller in zumutbarer Entfernung großflächig zur Verfügung gestellt werden?
Grün ist so etwas wie eine städtebauliche Beruhigungspille, der Tribut an die Bevölkerung. Zwischen zwei Gebäuden wird eine Wiese angelegt und diese mit diversen Bäumen bestellt. Ein Haus – ein Baum, ist fast eine städtebauliche Gliederungsregel geworden und sie entspricht so sehr den Wünschen der Bewohner. Garten- und Landschaftsarchitekten, die zunehmend in den Zirkel der Stadtplaner eingegliedert werden, vermochten bis heute keine fundierten Anhaltspunkte für eine glaubwürdige Zuordnung von Grün zu geben. Es hat zwar die Funktion von Erholungsgrün, Schutzgrün, Begleitgrün, Gliederungsgrün, von Klein- und Vorgartengrün, aber über »spannungsreiche« und ausreichende Dosierung gibt es keine Richtlinien, es sei denn diese: viel ist immer gut.
Wo der betroffene Bürger nicht ansprechbar ist, z. B. als künftiger Bewohner von Neubaugebieten, da soll er vertreten werden, vertreten von solchen Personen oder Personengruppen, die die Forderungen einer künftigen Bevölkerung zu kennen glauben und deren Interessen wahrzunehmen versuchen. Für dieses Glied in der Kette des Planungsablaufes wurde in den Vereinigten Staaten der vielverspre-

chende Begriff des Planungsadvokaten geprägt, über deren Tätigkeit liegen indessen keine wertbaren Erfahrungen vor. Dieser Planungsadvokat muß somit, wo die Möglichkeit des informierenden persönlichen Gespräches nicht gegeben ist, genau wie der verantwortungsbewußte Planer, seine Kenntnis von den Wünschen Unbekannter aus Untersuchungsergebnissen und Erfahrungsberichten herausdeuten, soweit diese vorliegen.

Im bundesdeutschen Planungsfeld soll der Betroffene selbst mitwirken, so jedenfalls ist es im Städtebauförderungsgesetz [34] (StBauG) verankert, denn hier heißt es: »Die Belange der Betroffenen, insbesondern der Eigentümer, der Mieter und Pächter, und die der Allgemeinheit sind gerecht gegeneinander abzuwägen. Den Betroffenen soll Gelegenheit gegeben werden, bei der Vorbereitung und Durchführung der Maßnahmen mitzuwirken.« Gemeint sind städtebauliche Sanierungs- und Entwicklungsmaßnahmen, die im § 1, Abs. 4 erläutert werden: »Sanierungs- und Entwicklungsmaßnahmen dienen dem Wohl der Allgemeinheit. Sie sollen dazu beitragen, daß die bauliche Struktur in allen Teilen des Bundesgebietes nach den sozialen, hygienischen, wirtschaftlichen und kulturellen Erfordernissen entwickelt wird.

Die Passagen sind uns aus dem Bundesbaugesetz bereits geläufig, neu ist lediglich die mögliche Beteiligung der Betroffenen. Partizipation, das Kodewort »neuzeitlicher« Stadtplanung, ist damit gesetzlich geregelt umd eine fortschrittliche Auffassung für die Anwendung freigegeben.

Es soll das Gesetz an dieser Stelle nicht näher erläutert werden, es ist aber zu ergänzen, daß die Beteiligung nur in förmlich festgelegten Sanierungsgebieten und erklärten städtebaulichen Entwicklungsbereichen gilt und die Voraussetzungen für die förmliche Festlegung eines Sanierungsgebietes (§ 3, StBauFG) und die Erklärung zum Entwicklungsbereich (§ 53, StBauFG) nicht in allen Städten gegeben sind.

Bleibt damit, im Hinblick auf die Wirksamkeit, die Partizipation ein gesetzliches Alibi?

Es kann den Geschehnissen nicht vorgegriffen werden und so bleibt uns nichts, als weitere Jahre zu warten, bis der Beleg für eine Vermutung ausgehändigt oder diese glaubhaft widerlegt werden kann. Inzwischen nimmt die besiedelte Fläche in der BRD jährlich um 240 qkm und die Verkehrsfläche um 180 qkm [35] zu, bei Fortsetzung der augenblicklichen Siedlungstätigkeit, was bis zum Jahre 2000 etwa die Verdoppelung jener Flächen bedeutet, die wir heute als unzumutbar bezeichnen.

Wurde oben bereits festgestellt, daß die betroffene Bevölkerung nicht beteiligt wird, um grundsätzliche stadtplanerische Zielvorstellungen zu entwickeln, so soll noch einmal die Frage aufgeworfen werden, warum das eigentlich nicht geschieht.

Die Stadt stellt ja nicht eine Kollektion von Individualbereichen dar, deren Charakter durch die Mitwirkung interessierter Bürger geprägt werden soll, sondern eine ständige Addition einander ergänzender, aber ähnlich aufgebauter Flächen. Diese Flächen sind mit Baulichkeiten bestellt, in der Regel erschlossen und durch eine Mehrzahl von Nutzungen gekennzeichnet, mindestens durch eine bestimmte Art und ein bestimmtes Maß der Nutzung.

Der Beitrag des Betroffenen besteht nun weitgehend darin, die Art der Nutzung gemäß seinen Vorstellungen mitzuformulieren, darauf hinzuweisen, wo er etwas vermißt oder etwas vermissen wird und darauf hinzuwirken, daß dieser Mangel rechtzeitig abgestellt wird. Ein solcher Beitrag kann natürlich auch grundsätzlichen Aussagewert haben, d.h. an Flächen bestimmter Größenordnung werden allein aus der Bevölkerungszahl ganz bestimmte Forderungen gestellt, deren Nuancen sich aus der endgültigen Bevölkerungsstruktur ergeben, die im Planungsstadium jedoch nicht erfaßt werden kann und damit muß für diese Nuancen ein Spielraum belassen werden.

Wie groß wird der Einfluß der beteiligten, betroffenen Bürgerschar auf die Gestaltung denn wirklich sein, wie groß der Einfluß auf hohe Mieten, auf Spekulation, auf die Lösung von Verkehrsproblemen, auf die richtungslos wuchernde Stadtexpansion, auf die immer dringlicher geforderte Eindämmung der Einfamilienhausfelder und auf die zwingende Anwendung der prägenden Baugesetze? Ist die augenblickliche Situation nicht zum Teil bereits das entmutigende Ergebnis der eigenen Vorstellungen und Forderungen nach Licht, Luft und Ruhe, die nun, in ihren erschreckenden Auswirkungen spürbar, zum verantwortungslosen Diktat der Planer erklärt werden? Wir sollten versuchen, den Beitrag der betroffenen Bevölkerung realistisch einzuschätzen und uns hier nicht der Euphorie einer neuen Epoche hinzugeben, wir sollten aber auch nicht vorzeitig kapitulieren, um uns nicht um eine bedeutsame Erfahrung zu bringen.

2. Soziologen

Die an dem Komplex Stadt interessierte Gruppe von Soziologen gehört wohl zu den heftigsten Kritikern der Stadtbaukunst jüngerer Zeit und daraufhin setzte sich sowohl bei interessierten Laien als auch bei verunsicherten Planern die vielleicht naheliegende Vorstellung fest, daß sich aus dieser gezielten Kritik brauchbare Anleitungen herauskristallisieren ließen, die nicht nur zu Veränderungen, sondern möglicherweise zu spürbaren Verbesserungen der Unstädte führen konnten. Der von ehrgeizigen Planern rücksichtslos vom Sockel der Humanität gestoßene Mensch wurde wieder stärker in den Mittelpunkt des Planungsgeschehens gerückt und die Erkenntnis renoviert, daß Planung nicht nur von Menschen zu betreiben sei, sondern vordringlich für diese und damit geriet Gebautes überwiegend in den Strudel der Polemik. »Die Soziologie ist eine der Wissenschaften vom Menschen«, sagt Schmidt-Relenberg [36] und es hätte ergänzend betont werden müssen: sie ist nicht die Wissenschaft vom Städtebau!

So bahnt sich auch in der Fachwelt der fatale Verdacht an, der Mensch werde von den Sozialwissenschaftlern statistisch aufbereitet, damit ihm daraufhin, auf der Basis der Empirie, das städtische Gewand angeschneidert werden könne.

Der Mensch stand plötzlich seinen Fassaden gegenüber, schlich verschüchtert durch enge Hausflure in zu enge Wohnungen und mied sichtbar den nachbarlichen Kontakt, er wurde in das aufgewertete Spannungsfeld Öffentlichkeit und Privatheit mit der Mutationsschwelle an der Wohnungstür oder Gartentür gestellt und die wachsende Kontakthemmung auf den verödeten Hausfrauenpfaden in das kommerzielle Zentrum notiert. Es wurde im Erkenntniswechsel die »gesunde« Mischung der gesellschaftlichen Schichten gefordert und auch auf ihre Gefahren hingewiesen, es wurden die Vorzüge des eigenen Gartens am eigenen Häuschen gepriesen, die kinderfreundliche Erdgeschoßwelt, und demgegenüber das hohe Haus als notwendiges Element spannungsreicher architektonischer Mischung lediglich anerkannt, aber es wurde auch die Tristesse der Pseudo-Villenvororte als Urgrund der Unzufriedenheit gesehen und wo verurteilungswerte bauliche Resultate auf profitrünstige Uneinsicht zurückgeführt werden konnten, da wurde die im städtischen Bereich längst fällige Enteignung von Haus und Boden gefordert, damit endlich menschlich Urbanes dort entstehen könne, wo sich derzeit kapitalistische Öde breitmacht. Das »Neue«, deutlich abgesetzt vom Alten, vom Bewährten, wurde eigentlich kaum als das Ergebnis neuerer Erkenntnisse auch auf dem städtebaulichen Gebiet gewertet, sondern vornehmlich als Versagen der planerischen Fähigkeiten und der boshaften Abwesenheit jeglicher Phantasie. Das Neue, überwiegend im Rahmen der Möglichkeiten neuester Gesetzgebung erstellt (z. B. Bundesbaugesetz 1960, Baunutzungsverordnung 1962, geändert 1968, Bauordnungen der Länder 1962 bis 1970) ist damit das Spiegelbild auch menschlicher Anforderungen an Wohnung und Umwelt, soweit diese gesetzlich überhaupt faßbar sind, und sollten diese berücksichtigten Forderungen als nicht zureichend angesehen werden, dann sollte vielleicht der Gesetzgeber als erklärter Auftragnehmer jener mißachteten Gesellschaft gedrängt werden, wirksame Regeln allgemeinverbindlich in der Erkenntnis zu erdenken, daß eigentlich nur der Zwang zum »Guten« das Gute tatsächlich erbringen kann und weniger der Appell an das verantwortungsvolle Gewissen der Beteiligten, vorausgesetzt, das Gute kann tatsächlich beschrieben werden.

Doch inzwischen wird weiterhin Städtebau betrieben und um hier nichts mehr falsch zu machen, bedient man sich des Kritikers, wie dieses bei der 1970 geplanten Wohnanlage für 10 000 Einwohner in Heidelberg-Emmertsgrund geschah. Hier rief man den Sozialpsychologen Alexander Mitscherlich zu Hilfe und dieser legte die

menschlichen Forderungen in der erläuternden Schrift »Psychologie im Städtebau«[37] dar. Mitscherlich schreibt: »Im Falle der Planung und des Baues der Wohnanlage Heidelberg-Emmertsgrund werden neue Wege gegangen. Planer und Sozialpsychologe haben mit dem künftigen Einwohner des neuen Stadtteils zu tun. Zweierlei wäre hier verkehrt: erstens, sich nicht einzugestehen, daß die Wohngewohnheiten der meisten Menschen durch die Wohnbedingungen, die sie bisher antrafen, erheblich deformiert sind; und zweitens, den Versuch einer quasi ideologischen, weltverbesserischen Missionierung zu machen. Ein auf Verständnis zielender Kontakt zum künftigen Mieter dürfte dadurch herzustellen sein, daß wir ihm alle Überlegungen, die uns bewegt haben und bewegen, alle finanziellen oder baupolizeilichen und ähnliche Grenzen, auf die wir gestoßen sind, so deutlich wie möglich vermitteln.«
An dieser Stelle horchen Stadtplaner und Städtebauer und auch Architekten auf, denn um die Vermittlung eines solchen Verständnisses war es ihnen stets gegangen, es war nur der Kontakt zum künftigen Mieter nicht herzustellen, und wo später ein Kontakt zum Mieter hergestellt werden konnte, da stieß man auf wenig Verständnis für die finanziellen Grenzen anderer und die baurechtlichen Grenzen, die man ja dort, wo sie sich als menschenunfreundlich erwiesen, auch ändern kann. Soll weiterhin mit dem Hinweis auf die deformierten Wohngewohnheiten der meisten Menschen zum Ausdruck gebracht werden, daß eben die meisten Menschen noch nicht in der Lage sind, die neuen Wohngebiete zu beleben und es muß abgewartet werden, bis die Wohngewohnheiten sich erneut formieren? Aus diesen vorbereitenden Bemühungen könnte mindestens bereits abgeleitet werden, daß sich an der Baulichkeit nichts verändert, daß man sich etwas mehr um den künftigen Bewohner bemühen möchte, wobei nicht von Beteiligung die Rede ist, sondern lediglich von der Vermittlung eines verständigen Kontaktes.
Zeichnet sich hier die Auswirkung eines am Objekt geschulten Wissenschaftlers ab, oder klingt da die Erfahrung des ebenfalls beteiligten Planers durch? Die Frage kann hier nicht beantwortet werden.
Zu den deformierten Wohngewohnheiten gehört die bereits erwähnte, daß sich »viele der Wohnungssuchenden für zu kleine Wohnun-

gen entscheiden werden ...«, sowie die Tatsache, »daß Mütter nicht bereit sein werden, ihre Kinder in Kindergärten zu geben, obgleich diese ausgezeichnet geführt sein können und dem Kind viel mehr Anregungen zu bieten vermögen, als eine durchschnittliche Dreizimmerwohnung« und, »daß Mieter nicht daran gewöhnt sind, miteinander Nachbarschaftshilfen zu vereinbaren ...«. Hier erübrigt sich jede weitere Erläuterung und auch die Frage, wie diesen Gewohnheiten durch städtebauliche Maßnahmen Abhilfe geschaffen werden soll.

Mitscherlich zählt auch noch die unterprivilegierten Minoritäten auf, »die Ehefrauen und Mütter, die Kinder und die alten Leute nach ihrer Pensionierung« und für diese Gruppen werden in der Reihenfolge die nachstehend aufgeführten Forderungen stellvertretend gewünscht:

(1) Fortbildungseinrichtungen für die »sozial unterentwickelten« und »ausgebeuteten« Mütter.

(2) Für die »unverstandene« Gruppe der Kinder und Jugendlichen: Kindergärten, Spiel- und Sportplätze, die der eigenen gestalterischen Initiative überlassen bleiben sollen, Sporthallen, Tennisplätze, Clubräume, Bäder usw.

(3) Betreuungs- und Pflegesysteme, Möglichkeiten der Ausübung eines Altersberufes.

Darüber hinaus wird gefragt: »Wie wäre es, wenn statt jener ewigen Stichstraßen und Sammelstraßen ein Erschließungssystem geplant würde, das netzförmig ist und den Verkehrsfluß nicht in vorgeschriebene Richtung lenkt? Wie wäre es, wenn die Kinder nicht nur auf die Spielplätze verbannt würden und statt dessen sehr breite Bürgersteige, schön mit Bäumen bepflanzt angelegt würden, auf denen dann auch sie sich tummeln könnten ...«

Ja, wie wäre das? Darauf zu antworten kann dem Leser selbst überlassen bleiben.

Es muß inzwischen nochmals die Äußerung von Helmut Klages in Erinnerung gebracht werden: »Der Soziologe kann ... solche Leitnormen nicht bekanntgeben, ... weil sie ... in der Form eines erfahrungswissenschaflich aufdeckbaren Kenntnisbestandes gar nicht existiert.«

Der Soziologe Bernhard Schäfers[38] erklärt in seinem Beitrag ›Soziologie als mißdeutete Stadtplanungswissenschaft‹ ergänzend: »Architekten und Städtebauer – wie alle übrigen Praktiker, die mit ihren Entwürfen und Planungen auch Sozialplanung betreiben – bekommen von der Soziologie keine Normen und Wertmaßstäbe mitgeliefert, die an Evidenz und Verbindlichkeit denen aus dem Bereich der technischen Planung vergleichbar wären.«
Schäfers stellt weiterhin fest: »Die Flut an sozialwissenschaftlichen Beiträgen zur Wohnungs-, Raum-, Landschafts- und Städteplanung ist ja für den Sozialwissenschaftler selbst kaum mehr überschaubar. Die Möglichkeiten für den Planer, auf die sozial relevanten Probleme seiner Arbeit zu stoßen, sind aus diesem und aus anderen Gründen erheblich eingeschränkt« und er führt den »Erfolg der Bücher von Bahrdt, Jacobs und Mitscherlich« auf die Tatsache zurück, »daß sozialwissenschaftliche Analysen dann am intensivsten in die planungspraktische Diskussion aufgenommen werden, wenn sie mit Empfehlungen, Stellungnahmen und Leitbildern versehen sind.«
Der Beitrag beinhaltet weiterhin jene mutige Aussage, die bei Planern stets als eine Art Entschuldigung gewertet wurde, nämlich den Hinweis, daß »Unruhe und Unzufriedenheit auf allen Ebenen zwischen Familie und Staat, Einzelnem und Betrieb, das Schicksal der Alten und andere Negativa des Zusammenlebens in der gegenwärtigen Gesellschaft ... nicht über Gebühr dem Städte- und Wohnungsbau angelastet werden (sollten). Der Städte- und Wohnungsbau ist ein wichtiger Tatbestand der Gesellschaftsordnung, aber nicht der einzige« und es wird der verblüffend ernüchternde Hinweis gegeben: »Einstweilen sähe man es lieber, daß die Planer mit ihrem Gespür oder gesundem Menschenverstand ... die Leerstellen in ihren Sozialplanungen selbst ausfüllten.«
Damit sieht der Planer sich nicht verlassen, sondern erkennt plötzlich die Erklärung für die nicht funktionierende Zusammenarbeit in den vergangenen Jahren, und er muß versuchen, seinen Standort, der ohne Zweifel an das Lager der Sozialwissenschaft stark herangerückt war, neu zu bestimmen. Gibt es aber künftighin, nach einer ungewissen Pause der »schöpferischen« Sammlung und Besinnung,

noch eine mögliche Form der koordinierten Zusammenarbeit der Disziplinen?

Hier gilt es zunächst, verständlich zu klären, was die Sozialwissenschaft für die städtebauliche Planung und den Städtebau effektiv zu leisten vermag und wie weit sich eine sozialwissenschaftliche Erkenntnis tatsächlich in Gebautes und Benutzbares umsetzen läßt. Damit wird es erforderlich, einmal darzustellen, welche Angaben, Aussagen und Werte der Planer eigentlich benötigt, um bauliche Maßnahmen planerisch vorbereiten zu können. Abgesehen von einer umfassenden Bestandsaufnahme, die den notwendigen Einblick in die vorgegebene Situation verschafft und die verbindlichen Anknüpfungspunkte für die weitere Expansion vorgibt, ist zunächst der zu erwartende Bevölkerungszuwachs innerhalb eines bestimmten Zeitraumes zu benennen, der die Richtgröße für die einzuleitenden Maßnahmen darstellt. Das mag auf den ersten Blick etwas simpel erscheinen, aber aus diesem Orientierungswert lassen sich mit ständig auf ihre Gültigkeit überprüften Erfahrungswerten die Folgedaten ableiten, wie z. B. die erforderliche Zahl und durchschnittliche Größe der Wohnungen und die Arbeitsplätze, die Versorgungs- und Verkehrsflächen, die kulturellen Einrichtungen, die Grünflächen usw. und diese verschiedenen Nutzungen werden dann gemäß ihren Abhängigkeiten von anderen Nutzungen einander zugeordnet und in Leitplänen festgesetzt. Immer häufiger wird von den Gemeinden auch nur ein bestimmtes Gebiet gekennzeichnet, das, unabhängig von der Frage, ob es für eine bauliche Expansion überhaupt zugänglich gemacht werden kann, und aus diesen zur Verfügung stehenden Flächen können dann, mit Hilfe von Umrechnungsfaktoren, zulässige Bevölkerungszahlen als weitere Berechnungsgrundlagen ermittelt werden. Planung bedeutet damit zum nicht geringen Ausmaß Rechnung. Die Verteilung des Errechneten auf dem Plangebiet erfolgt nach etwa geometrischen Gesichtspunkten, wie z. B. Bevölkerungsschwerpunkt, Einzugsbereich, gute Erreichbarkeit, wirtschaftliche Erschließung, Bindungen aus einem Bestand usw. Hier ist zu ergründen, ob sich der Beitrag des Sozialwissenschaftlers auf den rechnerischen Bereich erstrecken soll, etwa mit der Feststellung, daß die Grünflächen zu gering dimensioniert sind oder die Zahl der

Kindergärten zu erhöhen ist, ob er in der Korrektur der Nutzungsverteilung zu sehen ist oder aber ob beide Gebiete gleichermaßen im Zusammenhang gesehen der optimierenden Diskussion zu unterziehen sind.

Hier noch einmal Walter Siebel[39]: »Die moderne Soziologie gesteht sich dann auch allerfalls die Fähigkeit zu, die möglichen Folgen von Planungsentscheidungen aufzuzeigen, nicht aber, diese selber inhaltlich zu diskutieren.«

Eine Planungsentscheidung wird aber, abgesehen von verschiedenen Alternativen, bereits mit dem Plan getroffen und damit müßten also auch im Planungsstadium die möglichen Folgen aufgezeigt werden können. Doch dem Plan sind spätere mögliche Verhaltensweisen der künftigen Bewohner nicht zu entnehmen, sie können allenfalls aufgrund von Erfahrungen vermutet werden und stellen damit noch keine verbindliche Basis für Kurskorrekturen dar.

Die Sozialwissenschaft ist weitgehend an planerische Ergebnisse gebunden, während die Planung, als vorausgehender Prozeß, nur schwer sozialwissenschaftliche Erkenntnis, in der Form menschlicher Reaktion auf Gebautes, als rechenbaren »Stimmungsfaktor« in die planerischen Entscheidungen aufnehmen kann. Dieser Versuch kann, wo er ernsthaft unternommen wird, zwar zu einem positiven Zufallsergebnis, aber nicht mit zwingender Notwendigkeit zu gutem Städtebau führen.

Es nützt dem Planer und der Planung wenig, z. B. das Automobil als »populäres Volksbelustigungsmittel« (Mitscherlich) oder als sichtbares Prestigeobjekt oder gar als Potenzsymbol zu beschreiben, es nützt ebensowenig, die Wohnung als nicht sichtbares Prestigeobjekt zu bezeichnen, und der Hinweis auf privaten städtischen Grundbesitz als bedeutender Hinderungsgrund für progressiven Städtebau, sowie die daraus abgeleitete Forderung nach Enteignung, sind vorerst noch nicht glaubhaft zu begründen. Wo Nachbarschaftshilfen nicht vereinbart werden und die Ursachen vielleicht in den engen und kahlen Hausfluren gesehen werden, wo die Personenaufzüge als kontakthemmend entlarvt werden und die Vorstadttristesse zum auslösenden Moment für wachsende Kriminalität und Verwahrlosung gestempelt wird, da kann sich der Planer diese

»Erkenntnisse« zwar zueigen machen, aber sie können kaum Eingang in Flächennutzungs- oder Bebauungsplanung finden. In diesen Bauleitplänen wird die mögliche Art der baulichen Nutzung und das zulässige Maß der baulichen Nutzung vorgegeben, sowie innerhalb von Baulinien und Baugrenzen nach verbindlichen Regeln die Bereiche baulicher Entfaltung abgesteckt, die dann dem Architekten im Auftrag eines Bauherrn, zur Anreicherung mit Substanz, überlassen werden. Hier fehlt die Anweisung, wie Baulichkeit zusammenzumauern ist, damit Menschliches daraus erwächst und eben diese Anweisung vermag niemand zu geben.

Stand vielleicht hinter dem Sozialplan, einer Neuschöpfung des Städtebauförderungsgesetzes (§ 8, Abs. 2), die Absicht, den Totgeburten städtebaulichen Unvermögens den beseelenden Odem einzublasen?

Wer den Gesetzestext zu deuten vermag, muß erkennen, wie wirkungslos dieser Sozialplan sein wird, selbst wenn die Absicht der Belebung dahinter stand. Die Aufstellung des Sozialplanes gehört zu den Aufgaben der Gemeinden in förmlich festgelegten Sanierungsgebieten und erklärten Entwicklungsgebieten und es heißt: »Die Gemeinde soll während der Dauer der Durchführung der Sanierung (oder Entwicklungsmaßnahme) die Erörterungen mit den unmittelbar Betroffenen fortsetzen und dabei namentlich Berufs-, Erwerbs- und Familienverhältnisse, Lebensalter, Wohnbedürfnisse, soziale Verflechtungen sowie örtliche Bindungen und Abhängigkeiten der Betroffenen berücksichtigen. Das Ergebnis ist schriftlich festzulegen (Sozialplan).« Damit ist der Sozialplan eigentlich nicht mehr als das Protokoll einer Bestandsaufnahme!

Die Gemeinde soll erörtern und berücksichtigen, sie muß es aber offensichtlich nicht, zudem besitzt der Sozialplan keinerlei rechtliche Bindungskraft gegenüber jedermann, wie der Bebauungsplan als verbindlicher Bauleitplan. Hier wird der Städtebau wahrlich nicht gefördert, sondern einmal mehr zum Tummelplatz von Optimisten und Träumern, die da meinen, mit der gesetzlichen Verankerung der Vokabel sozial dem Planungsgeschehen einen guten Dienst erwiesen zu haben.

Es bleibt die Lücke zwischen sozialwissenschaftlicher Erkenntnis und städtebaulicher Praxis und die wichtige Frage, ob diese Lücke jemals geschlossen werden kann oder ob der Planer nicht nur, wie Schäfers es vorschlägt, einstweilen die Leerstellen in seinen Sozialplanungen ausfüllen sollte, sondern für alle Zukunft. Mit der Antwort auf diese Frage könnte eine Vielzahl von Mißverständnissen und Kompetenzstreitigkeiten ausgeräumt und der Ansatzpunkt für die klare Formulierung von Zielen im jeweils eigenen Fachbereich gefunden werden. Und die Ziele, wären das jene von Mitscherlich [40] formulierten »spezifischen Stadtplanungsprobleme unser Zeit«, die er als »die drei epochalen Herausforderungen« an den Städtebau bezeichnet und hier fordert:

(1) Die Unterbringung großer Menschenmengen,

(2) in kurzer Zeit und

(3) ihre Integration zu neuen Beziehungsgefügen, zu einem charakteristischen Lebensstil.

Die Unterbringung großer Menschenmengen dürfte als durchaus möglich angesehen werden können und die Unterbringung in kurzer Zeit im wesentlichen als bautechnisches Problem, das heute ebenfalls gelöst werden kann, wie es die großen und zum Teil heftig umstrittenen Neubaugebiete der letzten Jahre zeigten und das mit Baumethoden, die erst zage Ansätze einer Industrialisierung erkennen lassen.

Mit dem Punkt 3 wird aber erneut auf die Vorstellung hingewiesen, daß der Städteplaner mit seinem, im Ergebnis etwa absehbaren Machwerk, die »Verbindung einer Vielheit von einzelnen Personen oder Gruppen zu einer gesellschaftlichen Einheit« (Integration) zu ermöglichen und zugleich den Nährboden für die Entfaltung eines charakteristischen Lebensstils, wie auch immer dieser gesehen wird, zu liefern hat. Der Planer ist – und das muß deutlich gemacht werden – kein Milieumacher, der mit verschiedenen Utensilien, wie z. B. Häuser, Fassaden, Wiesen und einer bunt zusammengewürfelten Bevölkerung schmuckelige Nachbarschaften zimmert, die insgesamt wieder zu einer glücklichen Stadt aufaddiert werden, in der man sich geborgen und sicher fühlen kann, in der man Individualist bleiben oder werden kann und mit der man sich fraglos identifiziert.

Wir dürfen in diesem Zusammenhang nicht vergessen, daß die Fachwerkhäuser der älteren Städte nicht gebaut wurden, um den noch nicht von Kino und Fernsehen verwöhnten Stadtbewohner von einst zu erfreuen, und auch die klassizistischen Abdrucke waren nicht in erster Linie auf einen vordergründig visuellen Selbstzweck ausgerichtet. Erst heute befällt uns, beim Betrachten dieser gewiß reizvollen Antiquitäten, die heimliche Sehnsucht nach dieser beschaulich friedvollen Welt und wir vergessen dabei, daß die so hoch geschätzten technischen Errungenschaften der letzten Jahrzehnte ihren ablesbaren Tribut fordern, der auch in der Umgestaltung des Stadtbildes sichtbar wird und wir sollten dieser fortschreitenden Entwicklung mit weniger dramatisierender Sentimentalität als vielmehr mit analytischer Sachlichkeit begegnen, um über eine Art Zwischenergebnis zu neuen Ansatzpunkten zu gelangen, die es auch dem Planer erlauben, mit seinen Instrumenten und bescheidenen Möglichkeiten Akzeptables zusammenzustellen.
Der dritte Punkt in der Reihe der epochalen Herausforderungen müßte eigentlich als Apell an die betroffene Bevölkerung gerichtet sein, hier ihren möglichen Beitrag zu leisten, denn neue Beziehungsgefüge, was auch immer darunter verstanden werden soll, sind sicher nicht nur baulich räumliche Gefüge, sondern auch menschliche Gefüge und diese lassen sich nicht planen oder konstruieren, auch nicht mit Hilfe der Sozialwissenschaft.
Es bleibt also wohl auch weiterhin die allgemeine Aufgabe des Stadtplaners, städtische Gebilde verschiedener Größe und damit verschiedener Konstellationen an Kristallisationspunkte anzulagern oder in Bestehendes hineinzusanieren und das bedeutet keinen heimlichen Triumph, sondern in stärkerem Umfang die Verpflichtung, nach gültigen und gangbaren Wegen zu suchen und nicht nur nach Auswegen aus einer als unbefriedigend erkannten Situation. Städtebau sollte nicht als Frage nach der Dimension und der Expansionsgeschwindigkeit verharmlost werden, sondern zu der dringenden Frage nach einem additionablen System, unabhängig von möglicher Ausdehnung und notwendigem Erweiterungstempo, umprogrammiert und damit auf das wahre Problem zurückgeführt werden. Der Beitrag des Sozialwissenschaftlers bleibt in diesem

Programm abzustecken, aber einstweilen muß ein solches Programm erst einmal aufgestellt werden, ein Programm, das sich möglicherweise völlig von traditionellen Bindungen löst oder aber »historische« Stadtstrukturen wieder stärker berücksichtigt, in der Erkenntnis, daß befriedigende Lösungen entweder nur erzielt werden können, wenn man sich des verhängnisvollen Erbes entledigt oder aber, wenn man gerade dieses, das allzu leichtfertig aufgegeben wird, wieder stärker in den Vordergrund rückt, auf jeden Fall ein Programm, das unabhängig von Trend und Prognose seine Gültigkeit behält und damit eine gewisse Flexibilität aufweisen muß, ein Programm, das nicht mehr des zeitraubenden und wenig erfolgreichen Planungsaktes bedarf, ein Programm, das vielleicht eines nicht mehr erfordert, nämlich die Diskussion über seine Existenz.

3. Planer

Auch der Planer gehört fraglos zu den Kritikern der städtebaulichen Ergebnisse und das nicht, um den Kollegen ein rufschädigendes Versagen zu bescheinigen, sondern um möglicherweise Vermeidbares herauszulesen, kurz: um Erfahrungen zu sammeln. Hier wird vielleicht der eine oder andere fragen, was denn noch alles geschehen muß, damit die gesammelten Erfahrungen endlich ausreichen, um spürbare Änderungen und Verbesserungen nicht nur zu Papier zu bringen, sondern auch in Benutzbares umzusetzen und die Frage ist nicht ganz unberechtigt, aber die Vielzahl der Erfahrungen, die sich in der Tat bei jedem weiteren umfangreichen baulichen Objekt nur noch wiederholen, reicht zwar aus, um bestimmte Mißstände zunächst einmal zu beschreiben, jedoch offensichtlich immer noch nicht, um daraus neuartige Zielvorstellungen zu entwickeln.
Die große Zahl der als mißlungen und unmenschlich bezeichneten Siedlungen müßte doch aber wenigstens erste Anhaltspunkte für neue Ansätze signalisieren und eben diesen Anhaltspunkten versucht der Planer auf die Spur zu kommen, denn nicht zuletzt ist er selbst daran interessiert, wieder städtebauliche Ergebnisse zu präsentieren, die als zumutbar und wiederholbar angesehen werden

können. So versucht er, nach Ursachen zu forschen, die als eigenes Versagen zu werten oder auf andere Unzulänglichkeiten zurückzuführen sind, um daraus die Grundlage für künftige Planungen abzuleiten.

Die Frage nach der eigenen Schuld wurde bereits versucht mit der Feststellung einzugrenzen, daß häßliche Fassaden und zu kleine Wohnungen nicht in das Aufgabengebiet des Stadtplaners fallen und daß die fortgesetzte Spekulation sowie der substanzielle Verlust der Mitten mit den unzureichenden Stadtrandsiedlungen nicht unmittelbar im Zusammenhang stehen. Es bleiben die leblosen Trabanten und das nicht gelöste Verkehrsproblem und der kaum faßbare Faktor Mensch im Quartier und auf der Straße.

Beim Vergleich verschiedener Trabantensiedlungen kristallisieren sich zunehmend bestimmte Gemeinsamkeiten heraus, die vielleicht als erste Hinweise auf die Ursachen der Leblosigkeit gedeutet werden können, wie z. B. die Tatsache, daß sie in jüngster Zeit entstanden, daß sie nach neuerer Bauauffassung geplant und gebaut wurden, daß sie hinsichtlich der Nutzung sehr einseitig strukturiert sind, daß sie mit öffentlichen Verkehrsmitteln schlecht bedient werden, eine gewisse Unterversorgung mit Gütern und im kulturellen Angebot aufweisen und daß sie vor allem an den Stadträndern liegen. Der Mensch, als nicht planbarer, andererseits jedoch als der wirklich belebende Faktor, soll in dieser Gruppe der Gemeinsamkeiten zunächst einmal nicht genannt sein.

Gliedert man daraufhin die genannten Punkte in die Gruppe der veränderbaren und der nicht veränderbaren Faktoren, dann taucht in der Gruppe der nicht veränderbaren Faktoren eigentlich nur die Stadtrandlage auf, während die übrigen genannten Punkte als veränderbar eingeordnet werden können, wie die Versorgung, die Erschließung, die Bauauffassung, die Art der Nutzung und, als eine Frage der Zeit, sogar das Baualter. Die Forderung nach der dringenden Verbesserung der Lebensbedingungen in diesen Stadtrandbereichen würde also bedeuten, die veränderlichen Faktoren tatsächlich zu verändern, nach Qualität und Quantität zu verändern, und die Aufgabe oder der Beitrag des Planers bestünde folglich darin, die planerischen Voraussetzungen dafür zu schaffen.

Die Festsetzung der verschiedenen Nutzungsarten in den Bauleitplänen muß demnach die Möglichkeit der Ansiedelung jeder denkbaren Art der Nutzung an jeder beliebigen Stelle bieten, bis vielleicht auf die Zulassung bestimmter umweltfeindlicher Einrichtungen.

Mit der Festsetzung reiner Wohngebiete (§ 3 BauNVO) wird diese Möglichkeit etwas eingeschränkt, denn es heißt: Reine Wohngebiete dienen ausschließlich dem Wohnen, zulässig sind Wohngebäude. Ausnahmsweise können jedoch Läden und nicht störende Handwerksbetriebe, sowie kleine Beherbergungsbetriebe zugelassen werden. Mit diesen reinen Wohngebieten sollte den künftigen Bewohnern die gewünschte ruhige Wohnlage geboten werden, es besteht jedoch kein Zwang, reine Wohngebiete in einem Planungsbereich festzusetzen.

In Kerngebieten (§ 7 BauNVO) ist die Zahl der Wohnungen nur beschränkt zulässig, denn Kerngebiete dienen vorwiegend der Unterbringung von Handelsbetrieben, sowie der zentralen Einrichtungen der Wirtschaft und der Verwaltung, aber auch diese Gebiete müssen ebenso wenig zwingend festgesetzt werden.

Mit der Festsetzung von Mischgebieten (§ 6 BauNVO) werden jedoch nahezu alle Nutzungsarten zugelassen. Lediglich das Maß der baulichen Nutzung, gemäß § 17 BauNVO, liegt hier, bei entsprechenden Geschoßzahlen, nur bei der Hälfte des zulässigen Nutzungsmaßes in Kerngebieten, doch das Maß der baulichen Nutzung kann nach § 17, Abs. 9 überschritten werden, wenn »besondere städtebauliche Gründe dieses rechtfertigen«.

Damit wäre die Voraussetzung für eine bunte Vielfalt der Nutzungen grundsätzlich gegeben und die Baugebiete können der Initiative der privaten und wirtschaftlichen Interessen überlassen werden. Mit dem § 6, Abs. 4 BauNVO wird sogar noch eine weitere Möglichkeit der »Belebung« geboten, wenn es dort heißt: Im Bebauungsplan kann festgesetzt werden, daß in dem Gebiet (Mischgebiet) oder in bestimmten Teilen des Gebietes im Erdgeschoß nur die in Absatz 2 Nr. 3 genannten Nutzungsarten (Einzelhandelsbetriebe, Schank- und Speisewirtschaften, sowie Betriebe des Beherbergungsgewerbes) sowie sonstige Läden zulässig sind. Doch mit der

Voraussetzung für eine mannigfaltige Nutzung ist das spätere Ergebnis noch nicht geprägt, denn wenn sich an einer bestimmten Stelle, an der eine bestimmte Nutzung – z. B. eine gewerbliche Nutzung – zugelassen ist, niemand findet, um erstens gerade an diesem ausgewiesenen Ort und zweitens vielleicht einem bestimmten Gewerbe nachzugehen, dann ist die Voraussetzung für eine gewerbliche Nutzung von nur geringer Bedeutung.
Voraussetzung für eine Vielzahl gewerblicher Nutzungen ist ein Markt, der Einzugsbereich einer bestimmten Bevölkerungszahl und die Bevölkerungszahl in einer »zumutbaren« Entfernung, die bei Versorgungseinrichtungen für den täglichen Bedarf mit etwa 500 m oder 5 bis 8 Minuten, für den höheren Bedarf mit 1000 m oder 10 bis 15 Minuten angesetzt wird.
Ein jeder Gewerbetreibende, dessen Kundschaft sich aus einem bestimmten Einzugsbereich rekrutiert, wird mit seinem Standort den Bevölkerungsschwerpunkt dieses Einzugsbereiches anstreben, um den bestmöglichen Bevölkerungsstrom auf sich zu ziehen und eben das ist der wesentliche Grund, warum zentrale Bereiche so attraktiv sind. Es nützt daher eigentlich sehr wenig, allerorten die Voraussetzung einer vielfältigen Nutzung zu schaffen, wenn davon erfahrungsgemäß kaum Gebrauch gemacht wird.
Nun ist aber der zentrale Bereich der Mittelpunkt eines bestimmten Einzugsbereiches, und die Randzone eines solchen Einzugsbereiches könnte bereits wieder den zentralen Bereich eines überlagerten Einzugsbereiches darstellen und genau diese Möglichkeit ist in den Stadtrandgebieten mindestens so lange nicht gegeben, wie dem Stadtrand nicht ein weiterer Stadtrand vorgelagert wird. Das Neubaugebiet bleibt damit für lange Zeit, mindestens bis zu seiner baulichen Fertigstellung, ein auf sich selbst gestelltes Gebiet und erst anschließend werden sich, gemäß einem eventuell steigenden Bedarf, Veränderungen in dem notwendigen Umfang einstellen und eben das ist die heute ablesbare Situation in den innenstadtnahen Bereichen, wo sich Läden, Banken u. ä. Gewerbebetriebe in die Seitenstraßen hineinfressen, um dem ständig wachsenden Einzugsbereich nachzuziehen.
Das Stadtrandgebiet ist somit von Anbeginn zu einer gewissen Leb-

losigkeit verurteilt, das ist nicht die Folge eines planerischen Versagens, sondern die Folge der extremen Lage.
Da unsere Stadtgebiete ständig wachsen und damit die Randbereiche in ihrer Ausdehnung permanent zunehmen, so ist künftighin auch mit einem Anwachsen der leblosen Peripherie zu rechnen und die Zeitpunkte, wo einzelne Flächen in das Siedlungsgefüge wieder eingewachsen sind, folgen in immer größeren Abständen, das Gefühl der Isoliertheit, der Abgeschiedenheit wird damit zunehmend länger anhalten.
Stellten wir oben noch fest, daß die Stadtrandlage zu den planerisch nicht veränderbaren Faktoren gehört, so können wir hier feststellen, daß bestimmte Bereiche nach einer absehbaren Zeit aus ihrer Randlage befreit werden, jedoch nur durch das Schaffen neuer Randzonen.
Die planerische Überlegung muß daher in die Richtung führen, den Umfang der Randgebiete abzubauen.
An dieser Stelle sollte man sich vielleicht einen Augenblick dem Begriff des Stadtrandes widmen. Er beinhaltet bereits etwas Diskriminierendes, das draußen vor der Tür oder das am Ende der Welt, außerhalb des Spannungsfeldes der traditionellen Ereignisbereiche, ein wenig außerhalb der »guten« Gesellschaft, am Rande stehen und zuschauen müssen oder wieder hinaus müssen, vernachlässigt werden, nicht so wohnen und leben dürfen, wie die da drinnen. Der besiedelte Stadtrand bedeutet nicht nur die Randzone einer besiedelten Fläche, sondern auch Abhängigkeit von dem »gewachsenen« Zentrum, große Distanzen, Auslaufendes, Endstation, das Ufer eines Flußbettes, an dem die Strömung kaum noch spürbar ist.
Das ist keine verwirrende Philosophie des Städtebaues, sondern der einfache Versuch, auch bei scheinbar selbstverständlichen Phänomenen eine mögliche Ursache der Leblosigkeit abzutasten und der Versuch, festzustellen, wieweit man das Problem der Öde mit planerischen Eingriffen tatsächlich verringern kann.
Bleiben wir bei dem Bild des Flußbettes. Hier wird die Uferströmung heftiger, je schmaler das Bett gehalten wird, und stellen wir die künftigen Entwicklungsgebiete in die erkennbare oder gesteuer-

te Strömungsrichtung, dann werden diese stärker von belebenden Impulsen durchzogen.
In ein planerisches Konzept übertragen, bedeutet das, die Vielzahl der willkürlichen Entwicklungs- oder mindestens Expansionsrichtungen zu reduzieren, und auf wenige Hauptrichtungen zu beschränken. Die künftigen Stadterweiterungen können sich nicht weiterhin dort in die Landschaft fressen, wo gerade wieder ein Landwirt verkaufsbereit oder in Geldschwierigkeiten ist oder wo wieder ein Staatsforst gerodet werden kann oder wo zufällig eine Bahnlinie oder ein Vorfluter entlangführt, wenn Stadtplanung tatsächlich wieder etwas mit Planung zu tun haben soll. Solange die überwiegende Tätigkeit des Stadtplaners von der überlegten Verteilung von Baulichkeiten nach bestehenden Regeln bestimmt wird und das gemeinsam auf gerade zur Verfügung stehenden Flächen, solange werden unsere Städte und Dörfer nur größer.
In der Reihe der veränderbaren Faktoren wurde weiterhin die neuere Bauauffassung genannt. Ohne Zweifel wird es immer eine neueste Bauauffassung geben, doch darunter könnten sich auch solche Auffassungen befinden, die nicht allen Anforderungen gerecht werden, wie es bei der heutigen zu sein scheint.
Die Frage, was eine städtische und was demgegenüber eine ländliche Bauweise ist, muß nicht nur als ungeklärt, sondern in der städtebaulichen Diskussion als gar nicht aktuell angesehen werden und es sollte vielleicht doch einmal untersucht werden, ob eine eindeutige Formenbestimmung auch zu einer eindeutigeren Standortbestimmung beitragen könnte.
Die städtische Bauweise war überwiegend durch eine geschlossene und in der Höhenentwicklung weitgehend gleichförmige Bebauung gekennzeichnet, während die dörfliche Bebauung durch eine oft willkürlich erscheinende Zusammenstellung bäuerlicher Anwesen z. B. um eine Kirche herum oder an einer Straße aufgereiht, geprägt war. Das Dorf wird heute immer mehr von freistehenden 10 mal 12 Meter-Häusern umlagert – des Maßstabes wegen! – und das nicht nur, weil in diesen Bereichen der Feld- und Wiesenpreis auch für niedere Einkommensschichten noch fast erschwinglich ist, sondern weil weite Bevölkerungsschichten an der Idylle des ländlichen Rau-

mes teilhaben möchten und auf diese Weise zur wachsenden Zerstörung dieses einst charakteristischen Lebensbereiches beitragen. Diese neuzeitlichen ländlichen Expansionsfelder, die fortschreitenden Ergebnisse unbändigen und egoistischen Pioniergeistes, werden in den kommenden Jahren das gestalterische Bild der Agrarzone prägen, und diese »Bauernhäuser« der zweiten Hälfte des 20. Jahrhunderts, denen jene gestalterische Einfalt der Großbauten kaum nachgesagt wird, da sie so sehr dem Volksbegehren entspricht, die zum Teil sogar die Äußerung persönlichen Geschmackes darstellt, diese Bauernhäuser, als aus genannten und anderen Gründen unerwünscht, planerisch in die Defensive zu zwingen, dürfte bereits nach kurzer Gedankenarbeit als unmöglich eingestuft werden. Hier tatsächlich Veränderungen herbeizuführen, würde z. B. drastische Eingriffe in die gemeindliche Planungshoheit erfordern und den lautstarken Widerstand, sowohl der grundbesitzenden Farmer, wie auch der ständig wachsenden Schar der Noch-Nicht-Besitzer eines Bürgertraumes hervorrufen. Hier haftet einem Großteil der Bevölkerung spürbar von der legendären und beängstigenden Mentalität der Lemminge an, die zuweilen unbeirrbar einem folgenschweren Verhängnis entgegeneilen.
Doch wie sollte die gestalterische Alternative zum derzeitigen ländlichen Baugeschehen aussehen? Hier mit traditionellen, ortsüblichen, bäuerlichen Siedlungsformen die Dorfbereiche künftighin aufzuweiten, müßte als Anachronismus eingeordnet werden, abgesehen von der Tatsache, daß der durch bestimmte Dimensionen geprägte Rahmen gesprengt würde, und der bereits erwähnten Tatsache, daß durch diese Völkerwanderung die charakteristische ländliche Lebensart langsam verdrängt wird.
Auch hier gilt es, wie für die historischen Bereiche der Städte, die Entscheidung zu treffen, ob ein bestimmtes Gebiet nach Art und Erscheinung zu bewahren ist oder der zeitgemäßen und vielleicht notwendigen Veränderung preisgegeben werden soll.
Das bedeutet wiederum, bestimmte Reservate zu schaffen, doch wer möchte schon, wie beispielsweise die Indianer Nordamerikas, als museales Anschauungsmaterial in einem von der weiteren Entwicklung ausgeschlossenen Gebiet leben?

Eine typisch ländliche Bebauung gibt es also heute nicht mehr, sondern nur die in den ländlichen Bereich hineingetragene und dort permanent vordringende kleine Wohneinheit, die wir aber ebenso im städtischen Vorfeld und auch hier in wachsendem Ausmaß antreffen.

Die städtische Formensprache der neueren Zeit zeigt eine vielfältige Mixtur von hohen, mittelhohen und niederen Gebäuden als Türme, Stangen, Reihen und Einzelhäuser, deren Zusammenstellung durch keine gestalterische Regel überzeugend begründet werden kann. Die städtische Bebauung setzt sich damit gegenüber der ländlichen durch eine eingestreute Vielzahl höherer Gebäude ab und sprachen wir hinsichtlich der Besiedelungsdichte von einer Art »Zwischendichte« als möglicher Ursache der Leblosigkeit im vorstädtischen Siedlungsbereich, so müssen wir hinsichtlich der gestalterischen Komposition von einer Art »Zwischengestalt« sprechen, nicht Dorf, nicht Stadt im herkömmlichen und bekannten Sinne, sondern das, was irrtümlich immer wieder als Gartenstadt im positiven Sinne verstanden wird. Mit der Zwischendichte und der Zwischengestalt addieren sich bereits zwei Unausgesprochenheiten in einem Randbereich, hier ist die Stadt nicht mehr spürbar und das Dorf noch nicht sichtbar.

Würde uns aber die Verdeutlichung der baulichen Struktur wieder die eindeutige Zuordnung zu einer bestimmten Lebensform garantieren, abgesehen von der Frage, ob die Bevölkerung Städte, wie immer sie auch konzipiert sein mögen, überhaupt noch bewohnen möchte.

Hier können keine Garantien abgegeben werden, denn die Auswirkungen einer neuen baulichen Gliederung sind ebensowenig vorhersehbar, wie die Auswirkungen des baulichen Geschehens der letzten 20 Jahre vorausgeahnt werden konnten, denn sonst wäre vermutlich manches »Neue« zu einem früheren Zeitpunkt erprobt worden. Aber die Tatsache, daß wir zwar eventuell notwendige Veränderungen zu beschreiben, aber deren mögliche Auswirkungen nicht zu konkretisieren vermögen, damit also stets unglaubwürdig bleiben müssen, macht eigentlich jede geplante Veränderung unmöglich und alle »zukunftsorientierten« Konzepte können mit wenigen rhetorischen Fragen nach der Funktion zu Utopien gestempelt werden.

Die Phase: beurteilen aus den erwähnten drei Phasen des Planungsprozesses, kann nicht bedeuten, ein mögliches Ergebnis einer anderen städtebaulichen Konzeption zu weissagen, sondern immer nur, Erkanntes so klar zu beschreiben, daß die Beurteilung die notwendigen oder möglichen Variationen herauszustellen vermag. Der Standort der heutigen städtebaulichen Kritik ist etwa am Anfang der Erkennungsphase zu sehen, wenn es immer wieder etwas verschwommen heißt: das neu Gebaute ist schlecht und die Grundeigentümer müssen wohl enteignet werden.
Ist also die gestalterische Bauauffassung tatsächlich veränderbar? Sie ist es, aber erstens nur auf der Basis einer glaubwürdigen, auch für Laien glaubwürdigen Notwendigkeit und zweitens auf der Grundlage der darauf zugeschnittenen gesetzlichen Regelungen. Die Forderungen nach mehr Ruhe, mehr Luft, mehr Sonne und mehr Grün haben also möglicherweise mehr zur empfundenen Zerstörung der Städte beigetragen als zu ihrer beabsichtigten Verbesserung, und andere Konzepte müssen somit von der Überlegung ausgehen, wie weit diese Forderungen im bisherigen Umfang noch berücksichtigt werden müssen und nicht gegebenenfalls zugunsten anderer Forderungen stärker zurücktreten müssen.
Der Städtebau war noch nie so stark auf die denkerische Kategorie einer planerischen Notwendigkeit angewiesen und die Tatsache, daß die Städte früher nicht notwendigerweise so und nicht anders gebaut wurden, um Urbanität zu initiieren, sondern diese sich aus dem Bestand entwickelt hat, stellt uns heute in planerisches Neuland. Die Erkenntnis, daß Städte auch nicht »funktionieren« könnten, ist sehr jung und die verzweifelte Suche nach den auslösenden Ursachen ist derzeit mehr von Hysterie und ohnmächtiger Unsicherheit bestimmt, als von der Kühnheit eines Strategen, der angesichts einer sich anbahnenden »Katastrophe« bereit und in der Lage ist, eine Bremse zu ziehen oder ein Steuer herumzuwerfen. Aber der Planer ist nicht jener Stratege, der vom Sockel der Genialität volksbeglückende Konglomerate dirigiert, sondern immer wieder der bezahlte Techniker, der in Bauland umgepolte Kornfelder mit solchen Baulichkeiten zu bestellen hat, die mit des Wohlstandsbürgers Einkommensstruktur noch zu vereinbaren ist.

Sollte man dennoch den Stadtplaner mit mehr Kompetenzen ausstatten, damit er seine Vorstellungen umgehend in die Tat umsetzen könnte? Das ist sicher nicht erforderlich, da nicht jede planerische Vorstellung gleich in prüfbare Wirklichkeit umgesetzt werden muß, aber man sollte dem Stadtplaner und Städtebauer mehr Gelegenheiten geben, unabhängig von konkreten Objekten, einmal diskussionsreife Konzeptionen zu entwickeln, die den Modellcharakter im Maßstab 1 : 1 anzunehmen vermögen und damit nicht immer wieder gleichartige Erfahrungen den vorhandenen dazuaddiert werden müssen, sondern auch neuartige gesammelt werden können. Statt dem Planer immer wieder ein Versagen zu bescheinigen, wo sein Versagen nicht restlos erwiesen ist, sollte man ihm die Möglichkeit zu solcher Tätigkeit einräumen, die als seine Aufgabe von ihm erwartet wird, nämlich das Finden einer Stadtstruktur, die mindestens den heutigen Bedingungen und Anforderungen gerecht wird und die die Möglichkeit der Veränderung als Reaktion auf Unberechenbares offen läßt. Es soll und kann kein Städtebau für den mit Spannung erwarteten Wendepunkt des Jahres 2000 ermittelt werden, auch nicht, wenn von Mitscherlich [41] bereits bestimmte Forderungen »im Blick auf die Sozialstruktur des Jahres 2000 erhoben (werden)«. Der Planer ist hier weitaus vorsichtiger, denn gerade die letzten 20 Jahre haben gezeigt, wie schnell sich bestimmte Strukturen ändern können, und man kann nun nicht von der beruhigenden Tatsache ausgehen, daß die Wirren der Nachkriegszeit überwunden sind und sich damit die gesellschaftlichen Verhältnisse kalkulierbar stabilisiert haben. Der Planer sollte sich von solch einengenden gesellschaftlichen Forderungen mehr und mehr lösen, er sollte vielmehr zu baulichen Konzeptionen gelangen, die jede gesellschaftliche Formation zulassen, und wir sollten uns zurückhalten, die Stadt als eine Art Maßanzug für eine zeitlich bedingte gesellschaftliche Konstellation zu betrachten. Damit gerät die Stadt zunehmend zu einer Art Neutralstruktur, wie es die Stadtrandgebiete in ihrer gestalterischen Darstellung bereits andeuten, aber diese Gefilde wurden nicht in der Absicht angelegt, nutzungsneutrale Geschoßflächen zu schaffen, sondern in der angelernten Vorstellung einem Volk von Individualisten eine bessere Heimat zu bauen.

Ein neues städtebauliches Programm kann aber nicht mehr von der Absicht bestimmt sein, etwas besser oder richtiger machen zu wollen und sich damit immer wieder auf die gealterten oder daraus hergeleiteten neueren Bestände beziehen, sondern es sollte und müßte von der Überlegung geleitet werden, die Bedingungen und Anforderungen der Gegenwart und – soweit bereits absehbar – auch der nächsten Zukunft zu erfüllen, nicht jedoch als erneut zementiertes Abbild heutiger planerischer Auffassung, sondern als bewegliches und möglicherweise kurzlebiges Gebilde eines determinierten Komplexes aus zwingender Notwendigkeit und veränderbaren Bedingungen, aus optimierter Wirtschaftlichkeit und bestimmten, nicht veränderlichen Voraussetzungen.
Könnten aus diesen Überlegungen neue Städte entstehen, Städte, die sich nach Aufbau und Funktion von den bekannten Konglomeraten deutlich absetzen und damit das neue städtebauliche Zeitalter einleiten?
Wer sich hier der Illusion einer sensationellen und möglicherweise paradiesischen Neuerung auf dem Sektor der städtebaulichen Planung hingibt, sei es als Betroffener, aber auch als Planender, dem muß hier eine gewisse Enttäuschung vorweg beschieden sein.
Die Primärfunktion einer menschlichen Ansiedlung wird weiterhin die Wohnfunktion bleiben, der weitere Funktionen als abhängige Funktionen zugeordnet werden, d. h. es werden weiterhin Menschen in bestimmte Gebiete geplant, die weiterhin in Wohnungen leben werden, die weiterhin irgendwo arbeiten, sich bilden, sich unterhalten und sich erholen werden. Auch die Turm- und Trichter-, Kugel- und Kuppelhäuser unterliegen diesem Prinzip, sie stellen lediglich andere Stapelarten dar. Als gemeinsamer Faktor bleibt aber die Frage der ständigen Erweiterung und der damit gekoppelten permanenten Garantie der Funktion unter bestimmten Voraussetzungen und die Frage der Eingliederung dieser Erweiterungen in den größeren Rahmen, den Raum. Es bleibt weiterhin die Frage der Korrektur von Planungsfehlern, deren Existenz unbestritten ist, denn wo heute gebaut wird, da wird fortgesetzt für etwa 100 Jahre gebaut und wo sich eine Fehlentwicklung abzeichnet oder neue Tendenzen sichtbar werden, da steht als Barriere vor einer erforderli-

chen Veränderung ein bauliches Erbe für mindestens die nächsten drei Generationen, dem immer wieder ausgewichen werden muß.
Die Antwort auf diese Frage erfordert zunächst die Vorgabe eines baulichen Systems, das nicht allein die Lösung technischer Probleme beinhaltet, sondern auch den weiteren gestellten Anforderungen gerecht werden muß und dieses System zu konzipieren, gehört zu den vordringlichen Aufgaben der Planer. Aber die Suche nach einem System, nach einem möglicherweise neuen System, wird vermutlich viele nachdenklich stimmen und vielleicht allergische Reaktionen hervorrufen und spätestens zu diesem Zeitpunkt werden immer wieder die bekannten Einwendungen laut, wie: wofür eigentlich der Aufwand; das interessiert doch die Leute gar nicht; wenn wir die Straßen etwas breiter machen, noch ein paar Bäume pflanzen und eine Eckkneipe hinsetzen, dann ist doch alles in Ordnung; und: schon wieder ein System!
Diese Einwände haben bis heute unser planerisches Geschehen zum Teil bestimmt und man sollte sich daher künftig bei der Entwicklung eines Konzeptes nur von sachlichen Gesichtspunkten leiten lassen und auch den Vorwurf der Zwangsbeglückung ausklammern. Man sollte nicht bereits vor der Aufgabe kapitulieren, sondern frühestens vor einem überzeugenden Ergebnis.

IV. Gesetze

1. Bundesraumordnungsgesetz (BROG)[42]

Die nachfolgend aufgeführten Gesetze sollen hier nicht erneut kommentiert oder gedeutet werden, da dieses an anderer Stelle bereits erschöpfend geschehen ist, sondern es soll einmal versucht werden, darzulegen, wie weit unser heutiger Städtebau die zwangsläufige Folge dieser Gesetze darstellt, die Gesetze geradezu so formuliert wurden, damit dieses uns bekannte Ergebnis realisiert werden konnte oder wie weit diese Gesetze die Möglichkeit offenlassen, auch einen andersartigen Städtebau zu entwickeln.
Mit den Grundsätzen der Raumordnung (§ 2 BROG) wird erkennbar eine direkte Verbindung zur baulich räumlichen Planung hergestellt, wenn es dort im Abs. 1 Nr. 2 heißt:

2. Eine Verdichtung von Wohn- und Arbeitsstätten, die dazu beiträgt, räumliche Strukturen mit gesunden Lebens- und Arbeitsbedingungen sowie ausgewogenen wirtschaftlichen, sozialen und kulturellen Verhältnissen zu erhalten, zu verbessern oder zu schaffen, soll angestrebt werden.

Im Abs. 1 Nr. 6 dieses Paragraphen heißt es dagegen:

6. Der Verdichtung von Wohn- und Arbeitsstätten, die zu ungesunden räumlichen Lebens- und Arbeitsbedingungen sowie zu unausgewogenen Wirtschafts- und Sozialstrukturen führt, soll entgegengewirkt werden. Wo solche ungesunden Bedingungen und ausgewogenen Strukturen bestehen, soll deren Gesundung gefördert werden.

Die für die »Gesundung« erforderlichen Maßnahmen werden in diesem Punkt gleich mitgenannt:

»Maßnahmen zur Erreichung dieser Ziele sind eine vorausschauende örtliche und regionale Planung, die Verbesserung der Verkehrsverhältnisse und der der Versorgung der Bevölkerung dienenden Einrichtungen sowie die Entwicklung von Gemeinden zu Entlastungsorten für die Aufnahme von Wohn- und Arbeitsstätten in angemessener Entfernung.

Eine Verdichtung von Wohn- und Arbeitsstätten mit »gesunder« Struktur soll also durchaus angestrebt werden, wobei nicht ausgesprochen ist, ob es sich hier um eine Verdichtung pro Flächeneinheit handelt oder ob damit einer unkontrollierten Verstreuung von Baulichkeiten in der Landschaft entgegengewirkt werden soll. Der Grad der Verdichtung ist mindestens durch die schwer bestimmbaren Attribute gesund und ausgewogen abzugrenzen und zudem durch das zulässige Maß der baulichen Nutzung gemäß § 17, Abs. 1 der Baunutzungsverordnung (BauNVO) in seiner durchschnittlichen Obergrenze festgelegt. Die Verdichtung bezieht sich damit also weniger auf die Verdichtung pro Flächeneinheit oder ist gar als Verpflichtung aufzufassen, gemäß der BauNVO hohe Besiedelungsdichten herauszuwirtschaften, sondern eher als die Absicht zu werten, nicht allerorten Splittersiedlungen entstehen zu lassen, die eine wirtschaftliche Erschließung und Versorgung nicht gestatten und bei denen allenfalls dort von gesunden Lebensbedingungen gesprochen werden kann, wo die örtliche Situation noch eine reine Atemluft gewährleistet.

Der Grundsatz der Verdichtung, zumal im Raumordnungsgesetz aufgeführt, deutet also primär in die Richtung des Ballungsraumes, und die verschwommenen Richtlinien für dessen detaillierte Gestaltung gilt es durch greifbare Baulichkeit zu präzisieren.

Der Verdichtung ist andererseits dort entgegenzuwirken, wo sie zu ungesunden räumlichen Lebensbedingungen führt und da in den heutigen Orts- und Stadterweiterungen eine unaufhaltsame Ausweitung von Bereichen mit unzureichenden Lebensbedingungen und unausgewogenen Sozialstrukturen gesehen wird, so ist nach diesem Gesetz der weiteren Expansion von Städten, mindestens in der augenblicklichen Zusammenstellung, wirksam entgegenzutreten, und in mißglückten Gebieten, deren Gesundung vordringlich zu betreiben. Da aber die Ausdehnung von solchen Bereichen, die in ihrer

Struktur als ungesund angesehen werden, uneingeschränkt voranschreitet, der wichtigen Aufgabe, Strukturen mit gesunden Lebensbedingungen zu schaffen, nur insofern nachgekommen wird, als das, was heute geschaffen wird, weit verbreitet immer noch als gesund angesehen wird, so bleibt als tatsächliche Aufgabe, nachfolgend die Bereiche mit »ungesunden Bedingungen und unausgewogenen Strukturen« zu gesunden und dafür gibt es, wie bereits dargestellt, keine erfolgversprechenden Methoden.
Die erläuternd aufgeführten erforderlichen Maßnahmen zur Erreichung dieser Ziele sollen einmal in einer vorausschauenden örtlichen und regionalen Planung bestehen, und unterstellen wir, daß ja auch heute bereits vorausschauend örtlich und regional geplant wird, so ist darin mindestens keine wirksame Maßnahme zu sehen. Auch die geforderte Verbesserung der Verkehrsverhältnisse, die mit der Aufweitung von Straßenprofilen und z. B. dem unverständlichen Schaffen eines Autobahnnetzes betrieben wird, das von jedermann nach etwa 20 Kilometern erreicht werden soll, kann nur als Maßnahme zur Veränderung der Verkehrsverhältnisse gesehen werden, aber nicht zwingend als Maßnahme zur Verbesserung der Lebens- und Arbeitsverhältnisse.
Weiterhin kann auch in der Entwicklung von Gemeinden zu Entlastungsorten keine wirksame Maßnahme entdeckt werden, da sich Entlastungsorte in ihrer Struktur ja nicht wesentlich von denjenigen Bereichen unterscheiden, die entlastet werden sollen, und der zu entlastende Ort in seiner Struktur unverändert bleibt. Ständig wachsende Belastung einerseits sowie damit erforderliche Entlastung andererseits deuten ja immer wieder auf das noch nicht bewältigte Problem der permanenten Ortserweiterung.
Am Absatz 1 Nr. 3 (BROG) wird weiterhin auf die notwendige Benennung und Förderung von Orten mit zentraler Bedeutung hingewiesen, wenn dort steht:

3. In einer für ihre Bewohner (Bewohner zurückgebliebener Gebiete) zumutbaren Entfernung sollen Gemeinden mit zentralörtlicher Bedeutung einschließlich der zugehörigen Bildungs-, und Kultur- und Verwaltungseinrichtungen gefördert werden.

Auf die heute bereits ablesbaren Auswirkungen eines geförderten

Ausbaues der zentralen Orte wurde bereits hingewiesen und da sich diese zentralen Orte über das gesamte Land verteilen, so ist als Folge die flächenmäßig gleichförmige Entwicklung des Landes auf der Basis der Chancengleichheit für alle zu sehen.
Ähnlich einem neu eingesäten Rasen werden wir hier in den kommenden Jahren an dem spärlichen Grünton die Folgen dieser Maßnahme zunächst ebenso spärlich zur Kenntnis nehmen, während später der volle Grünton auch das volle Ausmaß der heutigen Bemühungen verdeutlichen wird.
Diese im Ansatz erkennbare gleichförmige Verteilung der Siedlungsflächen steht in einem gewissen Gegensatz zu der anzustrebenden Verdichtung der Wohn- und Arbeitsstätten und da keiner der beiden Entwicklungsmethoden erkennbar der Vorzug gegeben werden soll, so wird sich in der Praxis die problemfreier realisierbare durchsetzen, nämlich die spannungslose Umlagerung der zentralen Orte und damit schaffen wir uns heute wachen Auges die Probleme von morgen. Doch das Raumordnungsgesetz gibt noch nicht die direkten Anweisungen für konkrete planerische Maßnahmen, sondern lediglich die Richtlinien für die Landesplanung und es gilt daher, in den Landesplanungsgesetzen zu verfolgen, wie weit die Raumordnungsgrundsätze hier tatsächlich ihren Niederschlag gefunden haben und wie weit die hier angeschnittenen Gegensätze dort so weit geklärt sind, daß die einzuleitenden Maßnahmen übereinstimmend zu dem jeweils gleichen Ziel führen.

2. *Landesplanungsgesetze*

»Nach dem Musterentwurf ist Gegenstand und Aufgabe der Landesplanung die übergeordnete Gesamtplanung für eine den sozialen, kulturellen und wirtschaftlichen Erfordernissen entsprechende Raumordnung im Gebiet des Landes«, schreibt Heinz Hohberg[43] und er stellt fest, daß die Landesplanungsgesetze »mit diesem Muster und untereinander übereinstimmen, und daß ihre Abweichungen von dem Musterentwurf und untereinander nur redaktionelle Bedeutung haben«.

Es soll daher an dieser Stelle das Bayerische Landesplanungsgesetz (BayLplG)[44] stellvertretend für die anderen gültigen Landesplanungsgesetze auf die Möglichkeit hin untersucht werden, Stadt- und Ortsplanung wirksam zu betreiben.
In dem Artikel 2, Grundsätze der Raumordnung, wird darauf hingewiesen, daß die Grundsätze der Raumordnung gemäß § 2, Abs. 1 des Raumordnungsgesetzes zu beachten sind und darüber hinaus noch folgende:

3. Gemeinden, die sich als Mittelpunkt des wirtschaftlichen, sozialen und kulturellen Lebens eines bestimmten Einzugsbereichs eignen, können ... als zentrale Orte bestimmt werden. Sie sollen ... so über das ganze Staatsgebiet verteilt sein, daß möglichst gleichwertige Lebensbedingungen erreicht werden können.

Damit gehört die Benennung und Verteilung der zentralen Orte als Aufgabe der Landesplanung zu jenen vorbereitenden Maßnahmen, die von der Stadt- und Ortsplanung zur Kenntnis zu nehmen sind. Ortsplanung ist daher nur in dem vorgesteckten Rahmen zu betreiben und die baulich räumlichen planerischen Festsetzungen müssen sich überwiegend an dem vorgegebenen Bestand orientieren, da die in diesem Rahmen mögliche Expansion eine Neudimensionierung der Baumassen fragwürdig erscheinen läßt. Die Bestimmung der zentralen Orte bedeutet zudem: hier ist ein Ort mit der zentralörtlichen Bedeutung eines Ober-, Mittel-, Unter- oder Kleinzentrums, stellt also eine zeitbedingte Bestandsaufnahme dar, und die planerischen Maßnahmen sollen dem weiteren Ausbau oder der Festigung dieser zentralen Position dienen. Die Orte werden aber nicht nach der konkreten Vorstellung klassifiziert, zu welcher zentralörtlichen Bedeutung sie einmal ausgebaut werden sollen, um damit der Ortsplanung den Ansatzpunkt für die neue bauliche Kategorie zu signalisieren, sondern das weitere Schicksal der Orte bleibt zunächst im ungewissen und wird vermutlich dann neu bestimmt werden, wenn sich aus der Bevölkerungszahl eine neue Zentralitätsstufe herauslesen läßt. Die Notwendigkeit einer vorausgreifenden Klassifikation zentraler Orte ist für die Landesplanung offensichtlich noch keine vordringliche Aufgabe, da vorerst mit den Bestandsaufnahmen der Entwicklungsstand der einzelnen Orte ermittelt wird, und die planerischen Maßnahmen darauf abgestellt werden, das durchschnittliche Entwicklungsniveau der Bundesrepublik anzusteuern oder wo dieses als erreicht nachgewiesen werden kann, dasselbe zu übertreffen. Eine primär wirtschaftliche Denkweise, der die Städteplanung im Sog nachfolgt.

Wenn der Punkt 4 des 2. Artikels nicht ebenfalls nur als Erhärtung einer Bestandsaufnahme gesehen werden soll, dann ist die vorausschauende Benennung höherer Zentralitätsstufen eine unbedingte Forderung, wenn es dort heißt:

4. Die Ausbildung leistungsfähiger Entwicklungsachsen ist zu fördern. In Entwicklungsachsen sind zentrale Orte und andere Siedlungsschwerpunkte an einer leistungsfähigen Verkehrsader aneinandergereiht. Aufgabe von Entwicklungsachsen ist die Verbesserung von Standortbedingungen durch Zusammenfassung überörtlicher Infrastruktureinrichtungen. Entwicklungsachsen sollen zur Förderung entwicklungsbedürftiger Gebiete und zur Ordnung von Verdichtungsräumen beitragen.

Die Entwicklungsachse kennzeichnet also einen zu entwickelnden Raum und orientiert sich an Orten mit bestimmter zentraler Funktion, die möglichst an einer leistungsfähigen Verkehrsader aneinandergereiht sind. Damit kann den Entwicklungsachsen eine gewisse Zufälligkeit nicht abgesprochen werden. Die Zielvorstellungen, die einer jeden Planung zugrunde liegen sollten, werden nur dort sichtbar, wo als entwicklungsbedürftig erkannte Bereiche gefördert werden sollen. Über die Entwicklungsziele der Zwischenzonen, zwischen zentralen Orten und innerhalb von Entwicklungsachsen, gibt es keine konkreten planerischen Vorstellungen. Diese Räume werden nach ihrer Kennzeichnung in Plänen und Programmen ohne weitere Anweisung dem Ortsplaner überlassen, damit er sie mit jenen Objekten anreichert, die der gewünschten Entwicklung förderlich sind. Die Standortbedingungen eines Ortes werden auch nicht verbessert, wenn dieser nach der Bestandserhebung als in einer Entwicklungsachse liegend kenntlich gemacht wird.

Die Ausbildung von leistungsfähigen Entwicklungsachsen muß ohne Wirkung gesehen werden, wenn die klare Vorstellung fehlt, was diese Achsen tatsächlich leisten sollen, ob sie die Leitplanken für die

baulich räumliche Entwicklung darstellen und damit die Grenzen der Verdichtungsräume herausheben oder ob sie die positiv zu entwickelnden Räume abdecken und der außerhalb dieser Achsen gelegene Raum weitgehend unverändert zu belassen ist.
Die Entwicklungsachsen sind für die positive Fortentwicklung der sozialen, kulturellen und wirtschaftlichen Bereiche eigentlich von untergeordneter Bedeutung, denn die weitere Entwicklung dieser Sektoren ist durchaus auch in der bisherigen Form, nämlich punktförmig, möglich. Die beabsichtigte Ausbildung von Entwicklungsachsen kann daher nur von der Vorstellung der technisch wirtschaftlichen Vorhaltung einer Ver- und Entsorgungsinfrastruktur bestimmt sein und diese Vorstellung, wenn sie tatsächlich existiert, greift bereits stark in den Bereich der städtebaulichen Planung.
Auch die Forderung des Punktes 6 im 2. Absatz weist auf eine enge Verknüpfung zwischen Ortsplanung und landesplanerischer Forderung hin, denn dort steht:

6. Auf eine sinnvolle überörtliche Zuordnung von Arbeits- und Wohnstätten ist hinzuwirken.

Sieht man in der sinnvollen Zuordnung den möglichst kurzen Arbeitsweg, so wäre die daraus abzuleitende Forderung, die sogenannten Nahbereiche der zentralen Orte nicht in dem heute üblichen Umfang zu erweitern. In dem Wort Nahbereich steckt aber bereits eine kurze Entfernung, die etwa in einem 10 Kilometer-Radius um den zentralen Ort gesehen werden kann. Insofern kann die sinnvolle Zuordnung von Arbeits- und Wohnstätten durchaus als erfüllt angesehen werden, es kann nur niemand gezwungen werden, in einem bestimmten Nahbereich zu wohnen, wenn er in einem bestimmten zentralen Ort arbeitet:
Mit dem Punkt 12 wird gefordert:

12. Die Landschaft und das Gleichgewicht des Naturhaushalts sollen nicht nachteilig verändert werden ... Die Zersiedelung der Landschaft soll verhindert werden.

und in Punkt 15 lesen wir:

15. Denkmäler der Kunst und der Geschichte sowie kennzeichnende Ortsbilder sollen erhalten werden.

Wo ist eigentlich das Gleichgewicht des Naturhaushaltes zu sehen?

Wie lange dürfen wir noch gerodete Wälder und ertragreichen landwirtschaftlichen Boden in Bauflächen umsetzen, bis das Gleichgewicht des Naturhaushaltes gestört ist? Keine Gemeinde sieht heute die Notwendigkeit eines Baustopps oder einer stärkeren baulichen Verdichtung, weil sonst der Naturhaushalt spürbar verändert wird, denn in Gemeinden, wo der Anteil der besiedelten Fläche und der Verkehrsfläche unter einem bestimmten Prozentsatz an der Gesamtfläche liegt und die Notwendigkeit eines Flächenvergleiches gar nicht gesehen wird, da wird über Baulandreserven gar nicht diskutiert, weil sie ja greifbar vorhanden sind. Vom Gesichtspunkt der unerschöpflichen Reserve, wird die bauliche Entwicklung in ländlichen Bereichen bestimmt, und wer wollte es, wie bereits erwähnt, wirklich wagen, an einer bestimmten Stelle nicht die Notwendigkeit einer positiven Entwicklung zu sehen?
Die Forderung nach der Erhaltung des Gleichgewichtes im Naturhaushalt besteht also ohne glaubwürdige Grundlage nur als Forderung, und es dürfte schwierig sein, darüber hinaus die Zersiedelung der Landschaft zu unterbinden, wenn auch hier nicht glaubhaft dargelegt werden kann, was als nicht erwünschte Zersiedelung und was demgegenüber als sinnvolle Entwicklung zu kennzeichnen ist. Ist eine bauliche Tätigkeit innerhalb einer Entwicklungsachse als städtebauliche Entwicklung zu befürworten und außerhalb einer solchen Achse als unerwünschte Zersiedelung zu bezeichnen oder ist die Zersiedelung der Landschaft, wo immer auch diese stattfindet, als solche erkennbar und damit zu unterbinden? Zersiedelung ist ohne Zweifel erkennbar, auch von interessierten Laien erkennbar, aber sie kann kaum eingedämmt werden, denn annähernd jede bauliche Tätigkeit läßt sich auch als notwendige Entwicklung eines Ortes deklarieren, und wo vielleicht ein bestimmtes Gebiet nach den Kriterien des Städtebauförderungsgesetzes zum städtebaulichen Entwicklungsbereich erklärt werden kann, da kann eine solche Entwicklungstätigkeit auch noch gefördert werden.
Die Forderung, Denkmäler und bestimmte Ortsbilder zu erhalten, muß in der Praxis als immer wieder schwer durchführbar angesehen werden. Die Erklärung zu einem Denkmal wird nicht selten als entschädigungspflichtiger Eingriff in das private Eigentum angesehen

und wo die Erhaltung von Denkmalen mit einem privaten oder auch öffentlichen und oft nicht unerheblichen Kostenaufwand verbunden ist, da versagt zuweilen jede Kunstbegeisterung.

3. Bundesbaugesetz (BBauG)[45] *und Verordnung über die bauliche Nutzung der Grundstücke (BauNVO)*[46]

Das Bundesbaugesetz und auch die Baunutzungsverordnung wurden bereits häufiger zitiert, so daß hier nur noch einige ergänzende Punkte herausgehoben werden sollen.

Es soll jedoch nochmals auf die in § 1, Abs. 3 genannte allgemeine Vorschrift hingewiesen werden, die Bauleitpläne den Zielen der Raumordnung und Landesplanung anzupassen, und es muß ergänzt werden: soweit diese Ziele tatsächlich und in konkreter Form bekannt sind.

Im Absatz 4 wird gefordert:

4. ... Die Bauleitpläne sollen den Wohnbedürfnissen der Bevölkerung dienen und die Eigentumsbildung im Wohnungswesen fördern.

In einem Kommentar [47] zum BBauG wird diese Vorschrift folgendermaßen erläutert: Bezüglich der Eigentumsbildung im Wohnungsbau ... haben die Gemeinden im Rahmen einer geordneten Entwicklung des Gemeindegebietes in ihren rechtsverbindlichen Plänen für eine Bebauung mit Familienheimen geeignete Flächen in einem so ausreichenden Umfang auszuweisen, daß die vorrangige Förderung des Baues von Familienheimen ... durchgeführt werden kann.

Das Wohnbedürfnis der Bevölkerung ist nicht näher erklärt und es ist daher nicht klar erkennbar, ob es sich ganz allgemein um das Bedürfnis zu wohnen handelt, dem mit den Leitplänen Rechnung getragen werden soll, oder ob es sich um eine bestimmte Art zu wohnen handelt, also mehr um den Wohnwunsch der Bevölkerung, worauf der Kommentar hindeutet, wenn dort die Forderung gesehen wird, geeignete Flächen in einem so ausreichenden Umfang auszuweisen, daß der Bau von Familienheimen betrieben werden kann, und genau das geschieht allerorten, und die Gemeinden handeln durchaus im Sinne dieses Gesetzes, wenn die in den Flächennutzungsplänen ausgewiesenen Baugebiete mit sauberen Einzelgemäuern vollgestellt werden. Diese Art der Flächennutzung dient fraglos den überwiegenden Wohnbedürfnissen der Bevölkerung und fördert darüber hinaus die Eigentumsbildung.

Dieser Vorschrift sieht sich der Planer machtlos gegenüber. Er kann keine gestalterischen Vorstellungen realisieren, wo ihm solche, wie die oben beschriebenen, entgegenstehen und er kann damit auch kaum zu der im Raumordnungsgesetz geforderten Verdichtung der Wohn- und Arbeitsstätten beitragen. Nun muß in der Forderung nach Verdichtung einerseits und der Forderung nach Ausweisung von geeigneten Flächen für die Bebauung mit Familienheimen andererseits noch kein Widerspruch gesehen werden, wenn irgendwo das Verhältnis der flächenmäßigen Ausdehnung zueinander geregelt wäre, möglicherweise gegliedert nach dem Flächenverhältnis im städtischen und im ländlichen Bereich, aber dieses ist nicht der Fall. Somit könnte bereits die Errichtung von hohen Häusern im Anschluß an eine Stadt als Erfüllung der Forderung nach Verdichtung gewertet werden, während die permanente Errichtung der Familienheime als Erfüllung der Forderung, den Wohnbedürfnissen der Bevölkerung zu dienen und die Eigentumsbildung zu fördern, und es stellt sich die Frage, wie weit da eigentlich noch von Planung die Rede sein kann.

Wechseln wir an dieser Stelle zur Baunutzungsverordnung über, die nach § 2, Abs. 10, Nr. 1 BBauG als Ergänzung zum Bundesbaugesetz angesehen werden kann, so stellt sich weiterhin die Frage, nach welchen Gesichtspunkten eigentlich Art und auch Maß der Nutzung in ausgewiesenen Bauflächen festgesetzt werden.

Die in den §§ 2 bis 11 BauNVO nach der zulässigen Art der Nutzung näher beschriebenen Baugebiete stellen eigentlich bereits in sich strukturierte städtebauliche Elemente dar, die vom Planer dann nur noch gesetzt werden, wie etwa die Chips beim Roulette.

Wenn beispielsweise gemäß § 5 BauNVO [48] ein Dorfgebiet festgesetzt wird, dann wird in den so ausgewiesenen Baugebieten all das zugelassen, was man in »gewachsenen« Dorfgebieten als mögliche

Nutzung herausgelesen hat und gibt sich der Illusion hin, daß die neuen Dorfgebiete nach ihrer baulichen Struktur und der Bevölkerungsstruktur ähnlich werden, wie jene Gebiete, die das Leitbild für die zulässigen Nutzungen darstellten. Das Ergebnis solcher Festsetzungen ist nicht unmittelbar als Planung zu bezeichnen, sondern als Realisierung von zulässigen Einzelbauvorhaben nach einem vorgegebenen Nutzungskatalog. In gewisser Weise kann darin die genannte Grenzwertplanung gesehen werden, wobei sich das bauliche Geschehen innerhalb der abgesteckten Grenzen abspielt, aber durchaus nicht die Skala der zulässigen Nutzungen voll ausschöpft, sondern sich schwerpunktmäßig auf Teilbereiche, wie z. B. das Wohnen verlagert.

Für das richtige Setzen und Festsetzen der Nutzungsart gemäß BauNVO gibt es keine Regeln. Der Planer versucht, mit diesen »städtebaulichen Elementen« die bestehenden Orte auszubauen und gliedert die baulichen Bereiche derart, daß nach der zulässigen Art der Nutzung ruhige Gebiete, wie vornehmlich die reinen Wohngebiete, den nach ihrer notwendigen Art der Nutzung unruhigen Gebiete in einem »gesunden« Verhältnis zugeordnet werden. Die planerische »Willkür«, wenn man so will, liegt also darin, die Grenzen der baulichen Nutzungsmöglichkeit hier etwas enger und dort etwas weiter zu stecken, um damit die Nuance der Nutzungsart zu bestimmen.

Das zulässige Maß der baulichen Nutzung wurde mit der Änderung der Baunutzungsverordnung (1968) erhöht. Die Erhöhung war nach eingehender Prüfung bestimmender Faktoren nicht nur möglich, sondern wurde wohl auch als notwendig angesehen, und es stellt sich die Frage, ob nicht zu einem späteren Zeitpunkt eine abermalige Heraufsetzung der Höchstwerte erforderlich wird und bis zu welchem Höchstwert, unter Würdigung sämtlicher Gesichtspunkte, das Maß der baulichen Nutzung überhaupt erhöht werden kann. Es kann nämlich nicht ausgeschlossen werden, daß, bei einer Änderung bestimmender Voraussetzungen, sich die nochmalige Notwendigkeit der Erhöhung der Höchstmaße ergibt und diese dann erneut möglich ist. Damit muß das zulässige Maß der baulichen Nutzung nur als zeitbedingte Anlehnung an den jeweiligen

Umfang des städtebaulichen Problems gesehen werden. Das Maß der baulichen Nutzung, das in der Innenstadt von Chicago bei 13.0 liegen soll, muß dabei nicht als Richtmaß dienen, aber es zeigt sehr deutlich, daß unter bestimmten Umständen auch dieser Wert erreicht werden kann und das nach der BauNVO höchstzulässige Maß von 2.4 möglicherweise noch ein gutes Stück von einem vertretbaren höheren Maß entfernt ist.
Doch nach welchen Gesichtspunkten wird das Maß der baulichen Nutzung in einem Bauleitplan festgesetzt? Auch hier gibt es keine Regel, sondern allenfalls Anhaltspunkte. Wo sich ein Plangebiet an einen vorgegebenen Baubestand anschließt – und das ist die Regel – da wird der Bestand in etwa als Leitmaß angesehen. Mit der Festsetzung der zulässigen Zahl der Vollgeschosse wird zuweilen Gestaltung versucht. Wo heute die Fassade dem Gestaltungswillen des Architekten keinen Raum mehr läßt, da wird mit der »spannungsreichen« Konfrontation gestufter Baumassen, ersatzweise und zum Teil durchsetzbar, die belebende Gliederung der Ortssilhouette übernommen.
Das Maß der baulichen Nutzung stellt jedoch im wesentlichen die Möglichkeit der wirtschaftlichen Nutzung eines Grundstückes dar, und es kann beispielsweise mit der gestalterischen Forderung, ein Straßen- oder Ortsbild zu erhalten, das zulässige Maß der Nutzung nicht überzeugend begründet werden. Warum ein 1000 qm großes Grundstück nur aufgrund seiner jeweiligen Lage hier mit einer Geschoßflächenzahl von z. B. 0.8 und dort mit einer solchen von z. B. 1.2 belegt werden soll, nur weil die umgebende Bebauung ähnliche Werte ausweist. Es wird heute immer lauter festgestellt, daß der Boden nicht vermehrbar ist und daraus z. T. die Begründung für eine Enteignung abgeleitet, aber auf der anderen Seite leistet man sich den »Luxus« einer nicht vollen Nutzung des Bodens. Wo sind da, sagen wir ruhig einmal logische Zusammenhänge zu sehen? Und auch diesem Gesichtspunkt, nämlich der gesamten Verfügbarkeit an Grund und Boden, hat die Planung in immer größerem Umfang Rechnung zu tragen.
Das Höchstmaß der baulichen Nutzung darf aber nicht grundsätzlich festgesetzt werden, um es dann dem Grundstückseigner zu

überlassen, ob er etwas Hohes oder Niederes zu bauen trachtet, denn nach § 1, Abs. 1 BBauG ist es Zweck der Bauleitplanung, »die städtebauliche Entwicklung in Stadt und Land zu ordnen« und »die bauliche und sonstige Nutzung der Grundstücke nach Maßgabe dieses Gesetzes durch Bauleitpläne vorzubereiten und zu leiten«. Vorbereitet, so könnte man sagen, wird die Nutzung der Grundstücke, aber nicht geleitet.

4. Gesetz über städtebauliche Sanierungs- und Entwicklungsmaßnahmen in den Gemeinden (Städtebauförderungsgesetz StBauFG)[49]

Das Schmuckstück der städtebaulichen Gesetzgebung ist das Städtebauförderungsgesetz, denn mit diesem Gesetz, so meinen viele, wird den städtebaulichen Mißständen endlich ein baldiges Ende bereitet. Doch wie bereits dargestellt, besteht die Anwendungsmöglichkeit dieses Gesetzes nur in förmlich festgelegten Sanierungsgebieten und in erklärten städtebaulichen Entwicklungsbereichen. Sowohl für Sanierungsgebiete als auch für Entwicklungsbereiche sind vorausgehende umfassende Untersuchungen durchzuführen, die die Notwendigkeit einer Sanierung oder Entwicklung belegen, und nach der behördlichen Anerkennung dieser Notwendigkeit gilt ein solches Gebiet als förderungswürdig.
Die daraufhin einzuleitenden Maßnahmen werden im § 1 StBauFG beschrieben, und hier wird im Absatz 2 aufgeführt:
(2) Sanierungsmaßnahmen sind Maßnahmen, durch die ein Gebiet zur Behebung städtebaulicher Mißstände, insbesondere durch Beseitigung baulicher Anlagen und Neubebauung oder durch Modernisierung von Gebäuden, wesentlich verbessert oder umgestaltet wird.
Die städtebaulichen Mißstände werden heute eigentlich mehr in den neueren Stadtrandbereichen gesehen und weniger in der Substanz der Innenstädte, geht man jedoch den Katalog der Kriterien für die Beurteilung von städtebaulichen Mißständen durch, so fällt der Blick auf die städtischen Altertümer, denn dort wird aufgeführt:

(3) Bei der Beurteilung, ob in einem städtischen und ländlichen Gebiet städtebauliche Mißstände vorliegen, sind insbesondere zu berücksichtigen

1. die Wohn- und Arbeitsverhältnisse oder die Sicherheit der in dem Gebiet wohnenden und arbeitenden Menschen in bezug auf (z. B.):

   a) die Belichtung, Besonnung und Belüftung der Wohnungen und Arbeitsplätze

   b) die bauliche Beschaffenheit von Gebäuden, Wohnungen und Arbeitsstätten

   e) die Nutzung von bebauten und unbebauten Flächen nach Art, Maß und Zustand

   f) die Einwirkungen, die von Grundstücken, Betrieben, Einrichtungen oder Verkehrsanlagen ausgehen, insbesondere durch Lärm, Verunreinigung und Erschütterungen

2. die Funktionsfähigkeit des Gebietes in bezug auf

   a) den fließenden und ruhenden Verkehr

   c) die infrastrukturelle Erschließung des Gebietes, seine Ausstattung mit Grünflächen, Spiel- und Sportplätzen und mit Anlagen des Gemeinbedarfs, insbesondere unter Berücksichtigung der sozialen und kulturellen Aufgaben dieses Gebietes im Verflechtungsbereich.

Da die Neubaugebiete und Stadtrandbereiche nach den neueren baulichen Vorschriften und Vorstellungen erstellt sind, so kommen diese, auf der Suche nach den genannten städtebaulichen Mißständen, für eine Sanierung nicht in Frage, umgekehrt werden aber langsam die alten Stadtgebiete nach den neueren Regeln umsaniert, und das könnte im Extremfall bedeuten, daß die sanierten Bereiche dann so aussehen, wie die heutigen Neubaugebiete. Sind wir aber dann noch so weit von jener Forderung Le Corbusiers entfernt, die da lautet: »Der Kern unserer alten Städte mit ihren Domen und Münstern muß zerschlagen und durch Wolkenkratzer ersetzt werden!« Diese Art der Sanierung ist vom Gesetzgeber sicher nicht beabsichtigt, sie läßt sich aber andererseits mit diesem Gesetz nicht verhindern, und bedenkt man darüber hinaus, daß derartige Sanierungsmaßnahmen auch noch mit öffentlichen Mitteln gefördert

werden (Städtebauförderungsgesetz), dann bahnt sich der dringende Verdacht an, daß man wieder einmal am Problem vorbeigekommen ist.
Damit bleiben also die städtebaulichen Entwicklungsgebiete, in denen Städtebau nach jüngster Erkenntnis probiert werden kann. Nach § 53 StBauFG kann die Landesregierung durch Rechtsverordnung einen städtebaulichen Entwicklungsbereich festlegen, wenn

1. die einheitliche Vorbereitung, Planung und Durchführung der Maßnahme der angestrebten Entwicklung des Landesgebietes und der Region entspricht;
2. das Wohl der Allgemeinheit die Durchführung der Entwicklungsmaßnahme nach diesem Gesetz erfordert;
3. eine zügige Durchführung der Maßnahme innerhalb eines absehbaren Zeitraums gewährleistet und
4. die Bereitstellung der voraussichtlich erforderlichen Mittel aus öffentlichen Haushalten erwartet werden kann.

Es sei an dieser Stelle die gedankliche Einblendung erlaubt, daß das Märkische Viertel in Westberlin, jenes in Presse und Fachgespräch so heftig umstrittene Baugebiet, durchaus die genannten Voraussetzungen erfüllt hätte und damit nach diesem Gesetz zum städtebaulichen Entwicklungsgebiet hätte erklärt werden können. Wäre das Ergebnis, wie immer es auch vom einzelnen gewertet wird, ein anderes gewesen?
Das Wort Entwicklungsbereich weckt verschiedentlich die falsche Hoffnung, daß in diesen Bereichen tatsächlich etwas städtebaulich Neuartiges entwickelt wird. Hier müßte verständlicher von den städtebaulichen Erweiterungsbereichen gesprochen werden, doch wir wollen uns hier nicht in der Begriffsklärung üben. Betrachten wir die im § 1, Abs. 3 beschriebenen Entwicklungsmaßnahmen, dann wird der Begriff Entwicklungsbereich deutlicher:
(3) Entwicklungsmaßnahmen sind Maßnahmen, durch die entsprechend den Zielen der Raumordnung und Landesplanung

1. neue Orte geschaffen oder
2. vorhandene Orte zu neuen Siedlungseinheiten entwickelt oder
3. vorhandene Orte um neue Ortsteile erweitert werden.

Die Maßnahmen müssen die Strukturverbesserung in den Verdichtungsräumen, die Verdichtung von Wohn- und Arbeitsstätten im Zuge von Entwicklungsachsen oder den Ausbau von Entwicklungsschwerpunkten außerhalb der Verdichtungsräume, insbesondere in den hinter der allgemeinen Entwicklung zurückgebliebenen Gebieten, zum Gegenstand haben.

Mit der Schaffung neuer Orte ist die Erhöhung der Zahl der Orte angesprochen, um auf diese Weise bestehende Orte zu entlasten, weniger die Schaffung neuartiger Orte als Entwicklungsaufgabe, wobei diese wahre Entwicklungstätigkeit zwar nicht ausgeschlossen ist, aber auch nicht als zwingende Forderung besteht.
Mit dem Abbruchgebot (§ 19), dem Baugebot (§ 20), dem Modernisierungsgebot (§ 21) sowie einem, gegenüber früheren Bestimmungen, erleichterten Enteignungsverfahren (§ 22) in den festgesetzten Gebieten ist die Möglichkeit einer schnelleren Wandlung der abgesteckten Bereiche geschaffen worden, aber solange immer noch unklar ist, wohin gewandelt werden soll, muß die Möglichkeit der schnelleren und möglicherweise erzwungenen Veränderung eher bedenklich stimmen und nicht die vielleicht beruhigende Überzeugung aufkommen lassen, nun etwas für die Verbesserung des Städtebaues getan zu haben.
Der Sozialplan (§ 8), als Wink mit der Menschlichkeit, wurde bereits erwähnt und soll daher nicht weiter gedeutet werden. Es erhebt sich aber an dieser Stelle die bange Frage, was aus all jenen Bereichen wird, die von diesem Gesetz nicht erfaßt werden, die sicher ebenso dringend verändert, im Sinne von verbessert, werden müßten, und die, im Flächenvergleich, den überwiegenden Anteil an der gesamten besiedelten Fläche haben. Benötigen wir für diese Gebiete ein weiteres Gesetz oder werden diese Gebiete als problemfrei angesehen? Jene, im Kreise der betroffenen Bevölkerung Unruhe stiftenden Gefilde städtebaulicher Neuschöpfungen werden uns einstweilen noch unverändert erhalten bleiben, und die stadtplanerischen Bemühungen können nur dahingehend ausgerichtet sein, erkannte Mißstände nicht zu mehren, aber wie schnell schlägt ein Bemühen in Resignation um, wenn man mit dem Ergebnis eines solchen Bemühens immer wieder die eigene Ohnmacht bestätigt erhält.

»Diese Bauordnung gilt für alle baulichen Anlagen, für Baugrundstücke sowie für andere Anlagen und Einrichtungen, an die diese Bauordnung Anforderungen stellt«, heißt es im § 1, Abs. 1 der Musterbauordnung [50], an der sich die Bauordnungen der Bundesländer überwiegend orientiert haben.
In den Bauordnungen werden somit die Anforderungen an die einzelne bauliche Anlage und das einzelne Grundstück formuliert, und die Einwirkung auf städtebauliche Planungen ist nur dort zu sehen, wo das Bauwerk als Baumasse seinen gestalterischen Anteil hat, und die Grundstücke, wo sie nach Zuschnitt und Beschaffenheit zu bestimmten baulichen Maßnahmen zwingen.
Die Baumasse wird im wesentlichen durch die entsprechend der Nutzungsart zulässigen Geschoßhöhen und möglichen Gebäudetiefen sowie durch die zulässige Zahl der Geschosse bestimmt, und diese Grundmaße stellen die Ausgangseinheiten heutiger städtebaulicher Gestaltung dar. Mit der Geschoßhöhe, vornehmlich im Wohnungsbau, ist der häufig vermißte menschliche Maßstab vorgegeben, der, mit der Geschoßzahl multipliziert, nach Meinung verschiedener Kritiker von einer bestimmten Größe ab nicht mehr als menschlich herauszulesen ist. Die Frage nach dem menschlichen Maßstab wird immer dort gestellt, wo dem Betrachter das Objekt seiner Anschauung unheimlich erscheint, denn bei Bäumen ist die Frage eigentlich noch nie gestellt worden und auch nicht bei Bergen oder bei technischen Geräten, die je nach ihrer Zweckbestimmung bestimmte Abmessungen haben müssen. Doch während die städtebauliche Gestaltung immer ein unlösbarer Streitfaktor bleiben wird, so könnte man bei der Festsetzung der Gebäudeabstände möglicherweise zu anderen Distanzen gelangen, wenn die Voraussetzungen für die geltenden Abstände einer von anderen Erfordernissen bestimmten nochmaligen Überprüfung unterzogen werden, wie ja auch die Änderung des Maßes der baulichen Nutzung nach abermaliger Prüfung möglich war. Es soll und kann hier kein anderslautender Vorschlag einer Abstandsflächenregelung ausgearbeitet werden, aber sollte sich beispielsweise herauskristallisieren, daß auch

die räumliche Enge früherer Städte ihren nicht unwesentlichen Anteil am Wohlgefühl ihrer Bewohner hatte, so wäre das sicher ein Faktor, dem in der Skala der Wertigkeiten ein anderer Standort gebührte, und da der städtebaulichen Gestaltung in den Bauordnungen eine eigene Vorschrift gewidmet ist, ihre Bedeutung damit also nicht bestritten wird, so wäre auch dieser Gesichtspunkt des optimalen Abstandes stärker zu berücksichtigen.

Von zwingenden Vorschriften kann zwar Befreiung erteilt werden, jedoch nur, wenn Gründe des Allgemeinwohls die Abweichung erfordern oder die Befreiung von der Vorschrift mit den öffentlichen Belangen vereinbar ist, aber diese beiden Voraussetzungen können kaum als erfüllt angesehen werden.

Die Frage des Schallschutzes, die in den Geschoßbauten immer wieder als unbefriedigend gelöst angesehen wird, ist in den Bauordnungen zwar erwähnt, wird hier aber nur als ausreichend vorzusehen empfohlen. Was tatsächlich als ausreichend angesehen wird, ist z. B. in der DIN 4109 (Schallschutz im Hochbau) beschrieben, aber die Erfahrungen lehren, daß die hier geforderten Schallschutzmaßnahmen immer noch als unzureichend angesehen werden müssen, und nicht zuletzt ist die »Hellhörigkeit« der Wohnungen ein Faktor, der für das freistehende Einfamilienhaus spricht, und wenigstens dieser Faktor könnte wirksam abgebaut werden.

Mit der Norm 18 005 (Schallschutz im Städtebau) [51] wird die Möglichkeit aufgezeigt, den Schallquellen berechenbar auszuweichen, oder wo ein Ausweichen nicht möglich ist, durch bestimmte Maßnahmen, wie besondere Bebauung oder dichten Bewuchs, den Schallpegel auf ein erträgliches Maß zu mindern. Doch diese Möglichkeiten scheiden in älteren Stadtgebieten weitgehend aus, da ein Zurücksetzen der Gebäude kaum noch möglich ist, eine Bepflanzung, wo sie bereits vorhanden ist, eher den »Verkehrsverbesserungen« zum Opfer fällt und eine wirksame Schutzbebauung häufig gar nicht eingestellt werden kann. Jede Sanierung oder Neubaumaßnahme führt daher zu aufwendigen Investitionen, wenn ein wirkungsvoller Schallschutz vorgenommen werden soll, zu Investitionen, für die sich in der Regel niemand zuständig fühlt.

Der betroffene Bürger dagegen, der sich durch das Kraftfahrzeug

ständig belästigt sieht, vergißt dabei jedoch, daß er selbst auf seiner Kraftfahrt durch die Stadt permanent seine Umwelt belästigt, und er sieht offensichtlich keine Notwendigkeit, das Abschalten wenigstens dieser Schall- und Gasquelle lautstark zu fordern, denn das kostet unmittelbar sein eigenes Geld.
Damit wird deutlich, wie wenig mit den vorgenannten Gesetzen und Regeln ein bestimmter Städtebau betrieben oder umgekehrt verhindert werden kann. Mit der Forderung, Entwicklungsachsen herauszuheben und in diesen Siedlungsstreifen eine stärkere Verdichtung anzustreben einerseits und die Forderung, ausreichende Flächen für den Anbau von Familienheimen zu schaffen, werden Grenzen vorgegeben, innerhalb derer vieles dem Zufall überlassen wird, und diese Zufälle werden weitgehend durch die ebenfalls gesetzlich verankerte Eigenverantwortlichkeit der Gemeinden geprägt.
Wie will man aber darüber hinaus eine Verdichtung als notwendig glaubhaft begründen, wenn der Bürger nachweisbar aus den Verdichtungsräumen flieht, wie es eine neuere Umfrage des Bundesinnenministeriums [52] wieder einmal herausstellte. 76 % der Bundesbürger, so wurde hier ermittelt, entschieden sich für Klein- oder Mittelstädte oder ländliche Gemeinden, wenn sie umziehen müßten und zugleich ihre finanzielle Lage verbessern könnten, und genau diesem Wunsch kommen die gemeindlichen Initiativen so sehr entgegen. Nur 20 % der Bürger gaben einer Großstadtwohnung den Vorzug, und lediglich 3 % wollen unter derzeitigen Voraussetzungen in einer Stadt wie Hamburg oder München leben. Die Klein- und Mittelstädte werden auf diese Weise schnell zu großen Städten anwachsen, und die Leblosigkeit dieser Städte wird dann noch erschreckender sein, als in heutigen Stadtrandgebieten, da die kleineren Städte nicht jenes Potential an attraktiver Substanz aufweisen, wie die großen Städte, denn sonst wären sie auch früher bereits stärkere Anziehungspunkte gewesen. Man flieht sichtbar den Unhold Großstadt, und es zeichnet sich noch keine Möglichkeit ab, diesen Unhold mit planerischem Einsatz zu zähmen.

V. Das städtebauliche Leitbild

1. Die »funktionierenden« Bereiche einer großen Stadt

Wenn immer wieder die Forderung nach einem »guten« Städtebau erhoben wird, so muß dieser Forderung eigentlich eine bestimmte Vorstellung von gutem Städtebau unterliegen, und da die Schöpfungen der Nachkriegszeit fast ohne Ausnahme als planerische Fehlleistungen angesehen werden, so liegt das Leitbild »paradiesischer« Stadtgefüge offensichtlich vor dieser Zeit, und sollten wir die Möglichkeit, wieder einen guten Städtebau zu betreiben, umfassend prüfen, so müßten wir wenigstens gedanklich an jene Zeit anknüpfen, um zu erfahren, was an diesem Leitbild tatsächlich brauchbar und möglicherweise heute noch verwendbar ist.
Es sollen hier kurz und grob einmal die wesentlichen Merkmale dieser »funktionierenden« Quartiere beschrieben werden, damit anschließend die Deutung versucht werden kann, ob mit dem gestalterischen Wandel zwangsläufig auch der städtebauliche »Niedergang« eingeleitet wurde, oder ob dieser Niedergang auch bei unveränderter Fortsetzung jener, heute immer noch in ihren Fassaden verehrten Bauweise, festzustellen gewesen wäre.
Baulich weisen sich jene, nunmehr gealterten Quartiere durch eine blockhafte Geschlossenheit aus, mit einer gleichförmigen Höhenentwicklung von etwa vier, fünf oder sechs Geschossen. Die Lage im städtischen Gesamtgefüge kann als citynah beschrieben werden, die Erschließung der Blöcke als etwa gleichwertig und allseitig, die Straßen als relativ eng, die Gebäudeabstände als gering und das gestalterische Erscheinungsbild als profiliert, vielseitig, kontrastreich und nicht übermäßig farbig.
Die Bewohner dieser Bereiche gelten als nicht sehr mobil und damit

weist die Bevölkerungsstruktur eine gewisse Stabilität auf, eine Struktur, die nach ihrem Mischungsverhältnis von Alt und Jung und der verschiedenen Bevölkerungsschichten als »gesund« angesehen wird.

Das tägliche Leben dieser Quartiere wird darüber hinaus als geruhsam, beschaulich, ohne Hektik, abgasfrei und ohne städtebaulich bedingte Probleme geschildert.

Mit der Charta von Athen [53] wird dann aber doch das »Ungesunde« dieser Bereiche aufgedeckt und dieses wird in der zu hohen Bevölkerungsdichte gesehen, sowie in dem dadurch bedingten geringen Wohnflächenanteil pro Person, in der unzureichenden Besonnung und Belüftung, der Unzulänglichkeit sanitärer Einrichtungen, im Fehlen der erholsamen Grünflächen, im unheilvollen Gemisch von Wohnungen und Arbeitsstätten und auch bereits in der glücklosen Aufteilung von Wohngebäuden und Wohnungsgrundrissen. Auch die Verkehrswege werden als nicht mehr leistungsgerecht erkannt (die Erstausgabe erschien 1942) und weiterhin wird das folgende gefordert [54]:

65. Architektonische Werke müssen erhalten bleiben (einzelne Gebäude oder ein Stadtganzes).
66. Sie werden erhalten bleiben, wenn sie der Ausdruck einer früheren Kultur sind und wenn sie einem allgemeinen Interesse entsprechen ...

Als Erläuterung zu diesem Punkt lesen wir:

Der Tod, der kein Lebewesen verschont, ereilt auch die Werke der Menschen. Man muß Zeugnisse der Vergangenheit zu unterscheiden wissen und erkennen können, welche noch lebendig sind. Nicht alles Vergangene hat – allein weil es vergangen ist – Anspruch auf Bestand; es ist ratsam, mit Besonnenheit das auszuwählen, was respektiert werden soll.

Und die Punkte 67 und 68 fordern:

67. ... wenn ihre Erhaltung nicht nur auf Kosten der dadurch weiterhin in ungesunden Bedingungen lebenden Bevölkerung möglich ist ...
68. ... wenn es möglich ist, den Nachteilen ihres Vorhandenseins durch radikale Maßnahmen abzuhelfen, z B. durch die Umlei-

tung lebenswichtigen Verkehrs oder sogar durch das Verlegen von Zentren, die man bis dahin für unbeweglich gehalten hatte.

Damit brach die große Rodungswelle an, der die Kriegszerstörungen so sehr entgegenkamen – so bedauerlich mancher Verlust auch war – und was bis heute nicht »bereinigt« ist, das kann nunmehr, nach dem Städtebauförderungsgesetz, Zug um Zug auf den Erkenntnisstand der heutigen Zeit gebracht werden.

Es konnten also nach der erschreckenden Erkenntnis, daß sowohl die Quartiere als auch die Baublocks derart Ungesundes in sich bargen, diese städtebaulichen Gefüge nicht mehr als Leitbilder neuerer Stadtbaukunst herangezogen werden, sondern nur jene Dinge, die in diesen Bereichen als gesund, als menschlich, als maßstäblich, als gültig empfunden wurden, sollten als Erbe in die neuen Gefüge übertragen werden und mit dieser löblichen Vorstellung gehen wir heute immer noch um, wenn wir glauben, mit beispielsweise einer »besseren« Gestaltung der heutigen städtischen Gefilde uns an die gute, alte Zeit wieder anzunähern. Selbst wenn wir die gestalterischen Elemente der Vergangenheit wieder verwenden würden, so wäre doch das bauliche Gefüge, das nunmehr als gesund angesehen werden kann, immer noch ein anderes, die Bevölkerungsstruktur, trotz wohlmeinender Versuche einer optimalen Mischung durch ein vielgestaltiges Wohnungsangebot, bliebe weniger stabil, da die alten Leute sofort in Heime aussortiert werden und jüngere Leute in größerem Maße mobil sind und damit die Bevölkerungsfluktuation sehr viel stärker ist und auch die Familien mittleren Alters verbleiben in diesen leblosen Siedlungen nur so lange, bis die letzte erforderliche Mark für das Bausparkassenheim zusammengetragen ist.

Nicht nur die baulichen Gefüge haben sich geändert, sondern auch menschliche Verhaltensweisen und es ist kaum noch eines jener bekannten »Elemente« funktionierender Stadtbereiche gültig. Der heutige Städtebau, somit eines positiven und überzeugenden Leitbildes beraubt, treibt erkennbar zwischen Vermutung und Ratlosigkeit und wird zum wissenschaftlichen Tummelplatz der beteiligten Disziplinen.

Wenn wir aber heute die noch bestehenden Relikte älterer Baukunst den Neubaugebieten vergleichend gegenüberstellen, dann stehen die antiken Werke noch immer, oder nun vielleicht schon wieder, höher in der Gunst der Betrachter, als der »neumodische Kram« und jene »sterile Leere« der gesunden Neuschöpfungen, und es stellt sich die Frage, ob der Mensch lieber in die älteren Viertel zurückkehren möchte, um nur nicht draußen wohnen zu müssen und damit von zwei Übeln das geringere wählt oder ob dieser Rückstrom die Erkenntnis darstellte, daß die älteren Bereiche zwar gewisse Mißstände aufwiesen, darüberhinaus aber gar nicht so ungesund waren. Könnte damit das geschlossene bauliche Gefüge als Leitvorstellung künftiger Bauauffassung herangezogen werden, nicht als erneuter Pendelschlag in die bauliche Gegenrichtung, sondern in der Erkenntnis, hier eine städtische Bauform anzubieten, die wenigstens den äußeren Rahmen für das Gefühl von Sicherheit und Geborgenheit bildet, eine einfache Bauform, die der Forderung nach Besonnung und Belüftung durchaus Rechnung tragen kann, die die Möglichkeit offenläßt, in die Erdgeschoßzonen bei Bedarf Läden oder andere Gemeinbedarfseinrichtungen einzuschieben, wie es in den Seitenstraßen der zentralen Bereiche heute geschieht, eine Bauform, die bewußt die räumliche Enge als gestalterisches Element wieder aufnimmt, die eine bestimmte Bevölkerungsdichte erzielt, eine Bevölkerungsdichte, die nicht von der unbegründeten Hoffnung bestimmt ist, damit Urbanität auszulösen, sondern eine Dichte, die wirtschaftliche, kulturelle und technische Investitionen rechtfertigt, und eine Bauform, die die städtischen Mißstände wie Lärm oder auch Abgas insoweit berücksichtigt, als sie an der Quelle nicht mehr beseitigt werden können, und die auch weitere Anforderungen, die aus dem Verkehrsaufkommen, dem Erholungsbetrieb und auch dem Geltungsbedürfnis erwachsen, berücksichtigt? Dieses geschlossene Gefüge könnte durchaus Leitbild werden und das um so begründeter, als sich mit dieser Bauform eher positive als negative Vorstellungen verknüpfen und in den heutigen Baukörpern der Randzonen keinerlei hervorstechende Vorteile sichtbar werden. Zudem scheint sich die Bevölkerung aufzugliedern, nämlich in den Teil, der das innerstädtische Leben mit all seinen Konsequenzen und Eigenarten bevorzugt, also am städtischen Leben teilhaben möchte und in jenen

Teil, der unter keinen Umständen in dem »Hexenkessel« verbleiben möchte, der im ländlichen Bereich seinen Feierabendstandort sieht und dafür auch lange Arbeitswege, mangelnde Versorgung und selbstzerstörerische Isolation in Kauf nimmt.
Damit würde man künftighin nicht Städte schlechthin erstellen, sondern bestimmte Stadt- oder Siedlungsformen für bestimmte Bevölkerungsschichten und an bestimmten Orten und an den Nahtstellen der unterschiedlichen Siedlungsformen die Arbeits- und Freizeitstätten, von allen Wohnbereichen gleichsam gut erreichbar. Hier soll keine mögliche »Lösung« angeboten werden, denn es wird wohl niemand im Problemkomplex Stadt mit eventuell fertigen und gangbaren Lösungen aufwarten können, sondern es handelt sich hier um eine durchaus denkbare Alternative, die aus Beobachtungen und den genannten Erhebungen als sich abzeichnender Trend herauszulesen ist, auf den jedoch keine Prognosen und noch gar kein konkretes Konzept abgestellt werden kann. Die Bevölkerung folgt offensichtlich ihren städtebaulichen Leitbildern dorthin, wo sie noch erkennbar scheinen und wenn tatsächlich nur noch 3 % der Gesamtbevölkerung in Städten wie Hamburg und München leben wollen, dann sind das, von den etwa 60 Mio. Einwohnern der Bundesrepublik 1.8 Millionen und diese Zahl entspricht etwa der derzeitigen Einwohnerzahl von Hamburg. Bauen wir dann nicht Städte, in denen in wenigen Jahren kaum noch jemand wohnen und leben möchte und entstehen nicht weiterhin in wachsendem Ausmaß klein- und mittelstädtische Gebilde, die in wenigen Jahren die heutigen Vorstädte an gestalterischer Öde und furchterregender Urbanitätslosigkeit noch übertreffen werden?
Die Städte werden weiterhin wachsen und sie werden in der bekannten Form und Fassung wachsen und sie werden die vermeintlichen Leitbilder verschütten. Heute mindestens können wir etwa noch verfolgen, was dem Wunschbild einer gejagten Bevölkerung auf der verzweifelten Suche nach Heimat annähernd entspricht; in wenigen Jahren, wenn die gestalterische Einebnung und eine konstante Angleichung der Standorte keine Alternativen mehr bietet, dann wird sich der Mensch vermutlich andere Prioritäten setzen, wie beispielsweise die des Einkommens und der Bildung, bis er auch hin-

sichtlich dieser Faktoren keine zwingende Notwendigkeit eines Standortwechsels mehr sieht. Hier soll nicht entmutigender Pessimismus anklingen, der in der Feststellung gipfelt, es sei doch jegliche Bemühung sinnlos, da wir am Ende auf dieses Ergebnis zutreiben und das deutet sich bereits in verschiedenen Planungsabsichten an. Ein solches städtebauliches Ergebnis ist aber nicht erklärtes Ziel heutiger planerischer Unternehmung, sondern die bereits rechenbare Begleiterscheinung bürgerlichen und politischen Wunschdenkens und im Hinblick auf solche Resultate wären vielleicht heute bereits planerische Maßnahmen ins Auge zu fassen, die das Ausmaß der nicht gewünschten Veränderungen auf ein Minimum reduzierten. Während heute offensichtlich die für den Betrachter formlosen Siedlungsveränderungen und -erweiterungen die großen Städte zu den Schreckensflächen einer konsumbewußten Bevölkerung stempeln und diese Bevölkerung den am Kapital und an der Spekulation erstickenden Koloß verläßt, werden die nunmehr ausgespähten Zonen der Besinnung, die kleinen Orte mit spürbarem Spitzweg-Milieu und die idyllischen Dörfer explosionsartig umlagert, bis auch hier der Ruf nach dem Städteplaner hörbar wird.

2. Dorf und kleine Stadt

Sind aber tatsächlich die Dörfer und die kleineren und mittleren Städte die städtebaulichen Leitbilder einer entwurzelten Bevölkerung? Hat die Bevölkerung überhaupt ein bestimmtes Leitbild, eine konkrete Vorstellung von ihrer näheren Umwelt und folgt sie diesem realen Abbild der Vorstellung in die ländlichen Zonen, um hier wunschgerecht wohnen und leben zu können?
Der nichtstädtische Raum erfüllt ohne Zweifel einige jener Forderungen, die der Mensch an seinen Lebensraum stellt, aber ist nicht der eigentliche Beweggrund, im wahren Sinne des Wortes, die Möglichkeit, sich hier noch einen Traum zu erfüllen, den bestimmenden Traum von den eigenen vier Wänden, die sichtbare Darstellung eigener Leistung, wahre Sicherheit und Geborgenheit und das in einem Bereich, der noch von heilsamer Ruhe geprägt zu sein scheint,

der noch einen ausgedehnten Vorrat an gesunder Natur bereithält und der auch noch einen gewissen Grad von Romantik und Gemütlichkeit beinhaltet.
Die wesentlichen Merkmale, die ein Dorf oder eine kleine Stadt formen, sind keine überzeugenden Anziehungspunkte für so breite Gesellschaftsschichten, wenn man hier beispielsweise die Überschaubarkeit der besiedelten Fläche, die im Maßstab noch »menschlichen« Abmessungen der älteren Ortsteile, die stabile soziale Struktur und die noch saubere Luft herausstellt, aber auch die teilweise kulturelle Unterversorgung und das Fehlen eines breiten spezifizierten Warenangebotes nicht verschweigt. Gerade in Dörfern treten die negativen Merkmale stärker hervor und es sind noch die Tatsachen dazuzuzählen, daß die Straßenverhältnisse nicht immer als hervorragend anzusehen sind, daß nicht überall eine Bahnlinie vorbeiführt und diese Gebiete kaum von anderen Massenverkehrsmitteln erreicht werden. Der dörfliche Charakter wird zudem langsam, aber spürbar erdrückt, denn auch die ländliche Bevölkerung möchte »modern« wohnen und stellt sich neben die ererbten Anwesen diese hübschen zweigeschossigen »Kaffeemühlen« mit großen Fenstern und ausladender Terrasse. Der »Dörfler« versucht sich hier in »städtischer Lebensart«, während der zugezogene Städter zu der natürlichen und naturverbundenen ländlichen Daseinsform zurückzukehren versucht. Hier begegnen sich zwei entgegengesetzt gerichtete Anschauungen auf dem Weg in eine bessere Welt.
Die Situation in den kleinen und mittleren Städten ist von planerischer Zwiespältigkeit bestimmt. Der starke Bevölkerungsdruck einerseits zwingt inzwischen zu verdichteter Bauweise, die in der Anwendung hoher Geschoßzahlen gesehen und die gestalterisch häufig in Punkthausform ausgespielt wird, denn der weithin sichtbare Punkt bringt die gewünschte Spannung in die sonst gestaltlosen Baumassen, während andererseits die Verpflichtung gegenüber dem Orts- und Straßenbild zu städtebaulicher Zurückhaltung anhält.
»Der Städtebau ist eine dreidimensionale Wissenschaft und keine zweidimensionale. Indem man das Element der Höhe einführt, wird eine Lösung gefunden für den modernen Verkehr und gleichzeitig für die Freizeitgestaltung, da die so gewonnenen freien Flä-

chen dafür ausgenutzt werden können«, so lesen wir in der Charta von Athen [55] und diese »Formel« scheint für den mittelstädtischen Raum nicht glaubhaft einsatzfähig. Diese Bereiche sollen ja nicht zu jenen Stadtgefügen hochgezont werden, die der Bürger, wo es ihm möglich ist, verläßt, aber sie sollen sich auch nicht in niederer Bauweise so rapide ausdehnen, daß der Anteil der addierten leblosen Flächen in wenigen Jahren jene Dimensionen erreicht, die in den großen Städten Anlaß zur Unruhe geben.

Die Flucht aus der Stadt ist damit weniger im Nachspüren eines städtebaulichen Leitbildes zu sehen, als vielmehr im Aufspüren eines billigen Bauplatzes und hier kann man einen Großteil der Bevölkerung jeweils dorthin lenken, wo der Bodenpreis und das Einkommen in einem noch »vertretbaren« Verhältnis zueinander stehen, wie es die augenblickliche und immer wieder für eine städtebaulich unbefriedigend gehaltene Situation deutlich zeigt. Bauleitplanung wird somit eigentlich mehr deswegen betrieben, weil ohne sie wenig oder nicht gebaut werden darf, aber sie wird immer weniger aus dem im Gesetz verankerten Anliegen in Auftrag gegeben, »die städtebauliche Entwicklung in Stadt und Land zu ordnen«, wie es im § 1, Abs. 1 BBauG heißt. Damit stellt der behördlich genehmigte Bauleitplan lediglich die Zustimmung dar, daß hier oder dort gebaut werden darf, während über eine charakteristische Art der Bebauung keine begründeten Festsetzungen getroffen werden können. Die Bauleitplanung im ländlichen Raum reift mehr und mehr zum Lockmittel in die »ruhigen, landschaftlich reizvollen und günstigen Lagen«, zu dem jede aktive Gemeinde greift, die die bauliche Entwicklung als fortschrittliche Haltung versteht und die sich nicht von ihren grundbesitzenden Gemeindebürgern schädigende Untätigkeit nachsagen lassen will, und zudem entbrennt ein heimlicher Kampf um die Gunst der Steuerbringer, die die Gemeinden mit den daraus sich ergebenden Nachfolgelasten für den Straßenbau, die Wasserversorgung, die Entwässerung, die Müllbeseitigung, den Schulbau usw. spürbar zu hoher Verschuldung treiben. Ist damit aber die Stadt in ihren zweifelhaften Bereichen wirklich jene Schreckensfläche, die ihre Bewohner an den Rand der Verzweiflung, in den ländlichen Raum, drängt oder dienen diese städtischen

Zonen heute als willkommenes Alibi für die eigene Absicht, sich abzusetzen, denn es wird ja mit dem außerstädtischen Bereich in der Qualität eigentlich nichts Besseres erhandelt. Die im stadtnahen Bereich so beklagte Unterversorgung und die Isolation sind ja in der kleinen Stadt nicht geringer, auf dem Dorf aber größer, die Schul- und Arbeitswege werden eher beschwerlicher, ein Hausfrauendasein noch beklagenswerter als im unmittelbaren städtischen Einzugsbereich.

Die mit dem Auszug aus der Stadt jedoch verbundene Absicht der Eigentumsbildung, gekoppelt mit der panikartigen Furcht, schon in wenigen Jahren mindestens aufgrund der sich abzeichnenden Preisentwicklung nicht mehr zu jenen Glücklichen gehören zu dürfen, die noch ein Fleckchen guten Mutterboden erwischten, von dem man nicht vertrieben werden kann und mit dem man ein Unterpfand der Sicherheit für Krisenzeiten besitzt, läßt sich planerisch in kein Konzept bringen, das spürbare Veränderungen verspricht, da als wahrer Besitz immer noch überwiegend das auf eigenem Grund umgehbare steinerne Refugium gesehen wird und für Eigentumswohnungen vergleichbarer Nutzfläche und mit ihren bekannten Nachteilen Kosten in etwa der gleichen Größenordnung aufzuwenden sind, wie für ein bescheidenes Häuschen.

Die Eigentumsbildung ist aber zu fördern, so steht es im Bundesbaugesetz (§ 1, Abs. 4) und so ist es im Städtebauförderungsgesetz bestimmt (§ 1, Abs. 5 und 6), es ist nur nicht aufgeschlüsselt, in welcher Form das Eigentum zu bilden ist.

Damit können auch die Dörfer und die kleinen Städte nicht als diejenigen städtebaulichen Leitbilder gesehen werden, denen der stadtmüde Bewohner nacheilt und sie können auch nur bedingt als empfehlenswerte Vorlagen für einen guten Städtebau herangezogen werden, und daraufhin stellt sich immer dringlicher die Frage, wie guter Städtebau erstens überzeugend zu beschreiben ist und wie er zweitens, unabhängig von bestimmten Widerständen, realisiert werden kann. Einstweilen haben sich zwei Ansatzpunkte für eine neue Konzeption herausgeschält, wovon die eine die Feststellung beinhaltet, daß sich die Vorstellung von gutem Städtebau nicht mit dem deckt, was heute permanent entsteht und der zweite, die ebenso ne-

gative Erkenntnis darstellt, daß die vermeintlichen Leitbilder vergangener Zeiten auch keine beweisbaren Anhaltspunkte für eine Renaissance der Urbanität in sich bergen.
Die Lösung städtebaulicher Probleme ist daher vorerst nicht in einem baulichen Konzept zu erwarten, wenn sie überhaupt in einem solchen Konzept zu sehen ist, und was den menschlichen Anteil an einer Lösung betrifft, so ist er rechnerisch nicht faßbar. Städtebau bedeutet jedoch primär den Umgang mit der Baumasse und diese Baumasse soll so hingeordnet und gestaltet werden, daß sich – im ländlichen wie im städtischen Bereich – daraus die immer wieder geforderte und erwartete Urbanität entfaltet. Da Urbanität jedoch nicht theoretisch konstruierbar ist, so bleibt dem Städtebauer und dem Architekten lediglich, die Baumassen im Rahmen der »Regeln der Baukunst« immer wieder anders zu formen und zu hoffen, daß sich dabei eine derart glückliche Konstellation ergibt, die die Zustimmung einer Mehrzahl der Bevölkerung findet und die damit möglicherweise zu einem neuen Leitbild heranreifen kann. Gebautes stellte bislang stets den Behälter für nachgewiesene Urbanität dar und wird es wohl auch weiterhin, nicht bekannt ist nur, in welcher Form dieses künftig geschehen kann.
Solange Bauleitplanung aber in der bisherigen Form weiterbetrieben wird, solange drängt sich der Verdacht auf, daß die Wohnwünsche der betroffenen Bevölkerung in einem Maße in die Planung einfließen, in dem die privaten Interessen spürbar vor die öffentlichen gestellt werden, und damit werden unsere Orte auch weiterhin in der bekannten Bauweise ausgedehnt, bis die unerschöpflich scheinenden Baulandreserven vollge-städte-baut sind.

VI. Die städtebaulichen Lehrstätten

Die Frage nach einem städtebaulichen Konzept kann nicht ohne klärenden Blick auf die städtebaulichen Lehrstätten gestellt werden, denn in diesen sieht mindestens der interessierte Laie jenen Bereich, in dem die erwiesenen Mißstände forschend analysiert und die daraus gewonnenen Erkenntnisse an die Lernenden übend und prüfend weitergegeben werden. Diese, im Ansatz richtige Vermutung, bedarf jedoch der Erläuterung.

Die hauptsächlich auf den Städtebau ausgerichteten Lehrstätten beginnen sich erst in jüngster Zeit zu formieren und hier wird das Lehrgebiet auf eine andere Basis gestellt als dasjenige der Architekten, und der Lehrstoff umfaßt all die Bereiche, die mit dem Städtebau in irgendeiner Form im Zusammenhang gesehen werden. Das Spektrum der Lehrveranstaltungen reicht von Einführungen in die Wirtschaftswissenschaften bis zu Einblicken in die elektronische Datenbearbeitung, von der umweltgerechten Stadthygiene bis zur vielversprechenden Planungsmethodik, und die selbständigen Wissensvorführungen dienen der intensiven Information über einflußnehmende Faktoren und verdeutlichen zuweilen jene Imponderabilien, die idealistische städtebauliche Absichten zu privatwirtschaftlichen Absichten umfunktionieren.

Während jedoch der Architekt als der gutsortierte Vielgeist zwischen Statik und Graphik bezeichnet wird, der den Städtebau im Rahmen seiner Breitbandausbildung stets mitbetrieb, so zeichnet sich heute der Städteplaner als der Vielgeist zwischen Statistik und Geographie ab, der zwar über ein sehr viel spezielleres Fachwissen verfügt, was den Städtebau betrifft, der sich damit aber immer noch nicht in der Lage sieht, »guten« Städtebau als logische und beweisbare Ableitung aus kritisch betrachteten Beständen zu betreiben.

Da ein guter Städtebau sich aber nicht, wie bereits dargestellt, mit dem deckt, was heute als Städtebau realisiert wird und da weiterhin guter Städtebau nicht mehr in den schwindenden Resten einer glanzvolleren Epoche entdeckt und daran angeknüpft werden kann, so müßte in dem zwangsläufig neuen Konzept eine konsequente Abwandlung gegenwärtiger Planungsergebnisse gesehen oder vielleicht ein theoretisch totaler Bruch mit der Tradition vorgenommen werden, um zu Siedlungsformen zu gelangen, die mit einem möglichst hohen Grad an Wahrscheinlichkeit jene Probleme lösen könnten, die als die wahren Ursachen der Unzufriedenheit ihrer Bewohner gelten, und diese Ursachen können nur insofern berücksichtigt werden, als sie mit den einseitigen und bescheidenen Mitteln der Baukunst korrigiert werden können. Die städtebauliche Lehrstätte macht jedoch am konkreten Objekt fit für die Praxis und es steht nicht die klärende Frage nach dem idealen Konzept an, soweit es ein solches tatsächlich gibt, sondern die Frage nach Realisierbarem in ansprechender Form, und damit kann derzeit in dieser Institution nicht der Wegbereiter einer »menschenwürdigen« Stadtbaukunst gesehen werden, sondern vorerst nur die Stätte tastender Erkenntnisvertiefung unter den Fittichen der Wissenschaften.

Ideale Konzepte, soweit sie gefunden sind, müssen aber auch in die Tat umgesetzt werden können und gerade hier ist oft die größere Hürde zu sehen. Verändernde Eingriffe, soweit sie einschneidende Maßnahmen darstellen, müssen über die Plan- und Modellform hinaus rechtlich abgesichert werden und damit sind jene städtebaulich relevanten Faktoren, die einen »humanen Städtebau« garantieren sollen, deutlich herauszustellen und als nicht zu umgehende Regeln dem Konzept zu unterlegen.

Greifen wir an dieser Stelle noch einmal die Frage der Gestaltung auf, in der immer wieder das sichtbare Versagen des Städtebauers angeprangert wird, was nach wie vor als nicht bewiesen gilt, so wäre daraus doch fordernd abzuleiten:

1. Kann eine gute Gestaltung als etwas allgemeinverbindliches be-

schrieben und daraufhin eventuell auch vorgeschrieben werden, oder gibt es

2. einen guten Städtebau, der von guter Gestaltung völlig unabhängig ist?

Da eine gute Gestaltung aber wohl kaum als allen wohlgefällig festgelegt und damit auch nicht als Grundlage einer gesetzlichen Zwangsanwendung herangezogen werden kann, so ist vermutlich die zweite Frage als diejenige anzusehen, die einer möglichen Lösung dieses Problems näher kommt. Doch hier können derartige Einzelprobleme nicht weiter verfolgt werden, sondern es ist anhand eines Beispiels einmal zu zeigen, wie die als Problem angesehenen nicht beantworteten Fragen in der Regel nur mit so naheliegenden bestimmten architektonischen Gegenmaßnahmen angegangen werden, während möglicherweise eine Anzahl andersartiger Maßnahmen zu dem gleichen Ziel führt.

Diese Art der Lösung von Problemen könnten den Aufgabenbereich der städtebaulichen Lehrstätten sinnvoll bereichern und hier wäre eine Profilierung durchaus zu begrüßen.

Städtebaulich gute Lösungen ergeben sich jedoch nicht zwangsläufig aus einer Mixtur brauchbarer Einzelelemente, wie es die Darstellung der städtebaulichen Leitbilder zeigte. Was uns heute romantisch, gemütlich, annehmbar und befriedigend anmutet und seinen Ursprung in fernerer Vergangenheit hat, das erwies sich als aus zum Teil recht »ungesunden« Partikeln zusammengesetzt, während die gegenwärtigen Neuschöpfungen aus »gesundeten« Teilelementen komponiert, als menschenunwürdig und leblos empfunden werden, und darin liegt bis zu einem gewissen Grad die ausweglos scheinende Situation begründet, da man überzeugt von der zuversichtlichen Annahme ausgeht, daß das Ganze doch nicht schlecht werden kann, wenn das einzelne Teil als gut erkannt wurde. Können aber diese dringend notwendigen Entwicklungsarbeiten von den städtebaulichen Institutionen in ihrer heutigen Struktur tatsächlich erbracht werden, wird mindestens derjenige fragen, der die zum Teil in diese Richtung zielenden Reformbestrebungen der vergangenen Jahre als erstickt erkennen muß, ohne ernsthafte Ansätze einer Neugliederung sowohl im Forschungsbereich als auch im Lehrbereich zu sehen?

Es kann hier kein Leistungsbild der fachlichen Lehrstätten ausgebreitet, sondern nur von der durchaus berechtigten Vorstellung ausgegangen werden, was sie tatsächlich leisten könnten.
Die anerkannten städtebaulichen Institutionen sollten nicht allein auf die gewissenhafte Weitergabe fachlichen Allgemeinwissens ausgerichtet sein, sondern darüber hinaus auch auf die forschende Findung von Lösungen für erkennbare städtebauliche Probleme, um dem Lernenden und möglicherweise auch dem Gelernten mit der begründbaren und glaubhaften Erkenntnis aus umfangreicher Systemarbeit realisierbare Gültigkeit zu vermitteln, wobei diese, gleichsam Regeln, Eingang in die Tätigkeitsbereiche praktizierender Stadtplaner finden könnten.
Die städtebaulichen Lehrstätten könnten damit als neutrale Einrichtungen die Nahtstelle zwischen »objektiver« planerischer Notwendigkeit einerseits und daraus abzuleitender gesetzgeberischer Erfordernis andererseits einnehmen und weiterhin als koordinierende Stelle die beteiligten und zu beteiligenden nichtfachlichen Disziplinen betreuen, diesen den notwendigen und eingehenden Einblick in die planerischen Verfahren vermitteln und die rechtzeitigen Einsatzzeichen für eine fruchtbare Zusammenarbeit geben. Solange nämlich jede planungsnahe Disziplin zu wissen glaubt, wie ihr eigener Beitrag zur Lösung städtebaulicher Probleme auszusehen hat, solange wird auch eine auf befriedigende Ergebnisse gerichtete gemeinsame Tätigkeit nicht zustande kommen.
Den stadtplanerischen Lehranstalten fiele damit eine bedeutende Schlüsselposition zu, die im Augenblick nicht ablesbar ist, und hier könnte das auf Verbesserung und damit auf Veränderung abgestellte Geschehen in den Blickwinkel der Öffentlichkeit gerückt werden und diese Institutionen wären auf solche Weise nicht zu den Orten reiner Wissensvervielfältigung verurteilt, sondern zu den Mittelpunkten städtebaulicher Aktivitäten umgepolt.

VII. »Guter Städtebau« – ein Rechenergebnis oder ein Zufallsprodukt?

1. Die noch verfügbaren Bauflächen

Die Frage, ob guter Städtebau zusammengerechnet werden kann oder ob er als ein glücklicher Zufall anzusehen ist, kann hier kaum beantwortet werden. Sehen wir jedoch die gegenwärtigen neuen Siedlungen als das Ergebnis überwiegend rechnerischer Tätigkeit, so sind wir weit davon entfernt, guten Städtebau für rechenbar zu halten, während wir bei flüchtiger Betrachtung der »funktionierenden« älteren städtischen Bereiche geneigt sind, diese mindestens insofern für zufällige Resultate zu halten, als sie nicht in der mühevollen Absicht entstanden, etwas Funktionierendes zusammenzustellen, sondern mehr aus der Notwendigkeit heraus, die Städte zu erweitern und das nach vornehmlich ästhetischen und gestalterischen Gesichtspunkten.

Die ästhetischen Überlegungen sind heute jedoch stark in die Defensive gedrängt und hier von funktionalen Vorrangigkeiten überlagert, denn das Dasein in der Stadt wird zunehmend stärker vom Funktionieren dieses Komplexes bestimmt, während die Gestaltung gemäß jener, um die letzte Jahrhundertwende geprägten Formel: »form follows function« (Louis Sullivan, um 1890) im Halbschlaf mitschwingt. Unsere städtebaulichen Expansionsergebnisse sind aber heute von Zufälligkeiten oft nicht weit entfernt, wenn wir ihre Lage im Raum erklären müssen, wenn wir ihre bauliche Struktur an den Erfordernissen messen, wenn wir die jeweilige Bevölkerungsstruktur analysierend auszählen und wenn wir die zwingenden Anbindungen an Bestehendes oder die gestalterische Einbindung in Gewachsenes bestimmen, und mindestens ein Teil dieser Faktoren sollte so glaubhaft und zwingend in das städtebauliche Konzept eingehen, daß das Ausmaß des Nichtkalkulierbaren auf den im

Rahmen einer Flexibilität des baulichen Systems korrigierbaren Umfang reduziert werden kann. Die Frage nach einem städtebaulichen Konzept ist zugleich und zunächst eine Frage nach den noch verfügbaren Bauflächen, nicht etwa weil die Antwort auf diese Frage bereits einen besseren Städtebau beinhaltet, sondern weil das Wissen um eine begrenzte Größe und ihre annähernde Größenordnung rationellere Maßnahmen erfordert, als die aus den heutigen planerischen Vorhaben herauslesbare Vermutung, die Vorräte seien unerschöpflich und diese Vermutung erhärtet sich vielleicht noch, wenn man einmal den Anteil einzelner Flächennutzungsarten an der gesamten Wirtschaftsfläche in der Bundesrepublik tabellarisch aufgeschlüsselt sieht[56]:

Tab. 1

Nutzungsart		km²	%
1 Besiedelte Fläche	BF	10 035	4,1
2 Verkehrsfläche	VF	10 895	4,4
3 Landwirtschaftsfläche	LF	138 705	56,0
4 Waldfläche	WF	71 839	29,0
5 Gewässerfläche	GF	4 398	1,8
6 Sonstige Flächen	SF	11 663	4,7
		247 535	100,0

Stellt man dieser Nutzungsverteilung diejenige von 1960 gegenüber, so wird die rapide Veränderung innerhalb dieses kurzen Zeitraumes ersichtlich:

Tab. 2

Nutzungs-art	BRD 1960[57]	%	BRD 1968	%	Differenz	%
BF	8 092	3,3	10 035	4,1	+ 1 943	24,0
VF	9 748	3,9	10 895	4,4	+ 1 147	11,7
LF	142 535	57,8	138 705	56,0	— 3 830	2,7
WF	70 986	28,7	71 839	29,0	+ 852	1,2
GF	4 084	1,7	4 398	1,8	+ 314	7,7
SF	11 411	4,5	11 663	4,7	+ 252	2,2
	246 856		247 535		+ 679	

Die Flächengliederung nach der Tabelle 1 stellt grundsätzlich nichts Beunruhigendes dar, während die Veränderungen nach Tabelle 2 eine Tendenz sichtbar machen, die sich möglicherweise linear fortschreiben läßt und damit zu bestimmten Zeitpunkten die jeweiligen Verschiebungen der Flächenverhältnisse errechnet werden können. Die einzelnen Nutzungsarten können jedoch nicht unabhängig voneinander betrachtet, sondern müssen durchaus in ihrem gegenseitigen Zusammenhang, in einer bestimmten Abhängigkeit gesehen werden. Bezeichnen wir die besiedelte Fläche als Basisfläche, so bindet diese Fläche in einem bestimmten und bestimmbaren Umfang andere Nutzungsarten, die z. B. das Verkehrsaufkommen aus dieser Fläche aufnehmen, das Erholungsbedürfnis der Bevölkerung dieser Fläche befriedigen, die Luft- und Gewässerverschmutzungen aufnehmen, eine gewisse Grundernährung sichern usw.
Die Größe der abhängigen (gebundenen) Flächen ist von zwei Faktoren der besiedelten Flächeneinheit (Basisfläche) abzuleiten, nämlich einmal von der Besiedelungsdichte dieser Fläche und zum anderen von ihrem Emissionsgrad.
Beide Faktoren sind veränderlich, wobei die Besiedelungsdichte einen oberen Grenzwert hat, der durchaus ermittelt werden kann und der Emissionsgrad zwischen dem unteren Idealwert Null und der Obergrenze bei stark gesundheitsschädigendem Volumenanteil liegt. Die gebundenen Flächen werden demnach aus der maximalen Besiedelungsdichte errechnet, also aus bestimmten Flächenanteilen pro zulässigem Einwohner und zweitens aus den erforderlichen Flächenanteilen pro gemessener Emissionseinheit. Auf diese Weise kann die mögliche Größe der Basisfläche und die erforderliche Größe der gebundenen Flächen bestimmt werden und die noch besiedelbare Fläche wäre damit als begrenzte und annähernd bestimmte Größe bekannt.
Bezeichnet man das in einem bestimmten Abhängigkeitsverhältnis befindliche Flächengefüge als Flächengleichgewicht, so ist künftighin darauf zu achten, daß dieses Gleichgewicht nicht gestört wird, es ist demnach vom Planer permanent zu überprüfen und wo erforderlich, mit planerischen oder gesetzlichen Maßnahmen zu korrigieren. So, wie wir heute bereits über ein Wasserhaushaltsgesetz verfügen,

so könnte dann möglicherweise ein Flächenhaushaltsgesetz angewendet werden.
Dieses zur Verfügung stehende Besiedelungskontingent sollte insgesamt in Flächennutzungsplänen ausgewiesen werden, nicht jedoch in solchen Leitplänen, die ein einzelnes Gemeingebiet erfassen und damit, aus dem größeren Zusammenhang herausgelöst, nur individuellen Aussagewert besitzen, sondern in solchen, die sich beispielsweise in der flächenmäßigen Größenordnung einer Planungsregion bewegen und insgesamt die Fläche der Bundesrepublik erfassen.
Was wäre aber mit der Bestimmung der Gesamtgröße der besiedelbaren Flächen erreicht, wird der eine oder andere fragen, und bereits den panikartigen Bodenpreisauftrieb befürchten und den Bürgerkrieg um die letzten Quadratmeter bebaubaren Bodens entbrennen sehen. Doch mit der Ermittlung der noch verfügbaren Basisflächen wären gerade aus diesem Grund sofort entsprechende Verordnungen zu koppeln, wie möglicherweise diese: Besiedelbare Flächen dürfen nicht veräußert werden und sie sind im Falle eines allgemeinen Bedarfes gemäß Richtlinien zu bebauen.
Damit wäre lediglich der Verpflichtung aus dem Eigentum und dem Gebrauch zum Wohle der Allgemeinheit gemäß Artikel 14, Abs. 2 des Grundgesetzes entsprochen und soweit einzelne Grundstücksbesitzer mit einer solchen Bestimmung nicht einverstanden sind, können sie z. B. die Übernahme eines Grundstückes durch die Gemeinde nach § 40, Abs. 2 des Bundesbaugesetzes verlangen. Doch hier können keine gesetzgeberischen Exkursionen veranstaltet, sondern es kann lediglich angedeutet werden, daß die aus einer globalen Bauflächenbestimmung resultierenden Probleme durchaus gesehen und für lösbar gehalten werden.
Mit dieser Art der Bauleitplanung auf Bundesebene wäre zugleich die Frage der Planungshoheit der Gemeinden neu zu regeln, denn diese hoheitliche Aufgabe könnte nicht mehr gemäß heutiger Auffassung wahrgenommen, sondern nur im abgesteckten Rahmen der zugewiesenen Flächen und hier wiederum in den Grenzen der zugeteilten Arten und des bestimmten Maßes der Nutzung ausgeübt werden. Damit sollen die Gemeinden planerisch keineswegs entmündigt werden, aber an dieser Stelle gilt es, die beunruhigende Er-

fahrung auszuwerten, daß die einzelne Gemeinde heute nicht aus einem Wissen um eine bauliche Gesamtsituation ihre künftige Entwicklungsabsichten herleitet, soweit dieses Wissen in konkreter Form tatsächlich existiert, sondern lediglich aus der lokalen Perspektive der untersten Stufe öffentlicher Verwaltung, und diese stehen nicht selten in einem unerwünschten Widerspruch zu überörtlichen Notwendigkeiten.

Doch die näherungsweise Kenntnis der Gesamtheit der noch verfügbaren Bauflächen allein bedeutet erst den Auftakt planerischer Maßnahmen, die in einer sinnvollen Verteilung dieser Areale im gesamten Raum, in einer funktionellen Gliederung, in der Bestimmung einer optimalen Dichte, einer wirtschaftlichen Zuordnung und möglicherweise auch in der Neugründung von Siedlungsbereichen gesehen werden kann, und damit den Städtebau zunächst weniger aus dem Zwang heraus bestimmt, für prognostizierte Bevölkerungsmengen menschliche Behausungen hinzustellen, mit einer ausreichenden Zahl von Kneipen und Kindergärten ausgestattet, sondern mehr aus der räumlichen Endlichkeit der Flächenreserven, die ohne Zweifel gesehen werden muß, und der zeitlich groben Überschaubarkeit notwendiger planerischer Vorkehrungen, um chaotische Entwicklungen und ihre unheilvollen Auswirkungen abzuwenden.

Die Ausweisung von Bauflächen kann aus dieser Gesamtschau als stärker begründet angesehen und folglich konkreter mit gesetzlichen Vorschriften belegt werden, Vorschriften, die eindeutiger Zulässiges und Nicht-Zulässiges herausstellen, die weiterhin spürbar planerische Absichten erkennen lassen und damit den Forderungen der Raumordnung und Landesplanung nachweisbar entgegenkommen. Die anschließende Bestimmung der baulichen Entwicklungsrichtungen und die detaillierte Zusammenstellung von Baumassen sind die aus den verfügbaren Bauflächen abzuleitenden folgenden Schritte, die die künftigen städtebaulichen Ergebnisse auf die sichere Basis von Notwendigkeiten stellen müssen.

2. Siedlungsrichtungen

Bewußte Siedlungsrichtungen, auf der Grundlage eines planerischen Konzeptes, sind heute nicht einmal in Ansätzen erkennbar. Die bauliche Entwicklung von Städten und Orten wird in jede mögliche Richtung vorangetrieben und die überwiegende Randlage der neuen Baugebiete prägt den vorherrschenden Charakter einer Randbebauung, einer in die Landschaft tauchenden Übergangsform, die in gewissen Abständen mit einem höher gezonten Mittelpunkt den Orientierungs- und Versorgungsbereich zugeordnet erhält. Aber auch die sogenannten Entlastungsstädte schweben als weitgehend unabhängige Trabanten im nicht gerichteten Raum und finden in der Regel auf zusammenhängend freien Wiesen in unmittelbarer Nähe der zu entlastenden Bereiche ihren Standort.

Auf bestimmten Plänen, die nach ihrem Maßstab die Übersicht über das gesamte Bundesgebiet ermöglichen, zeichnen sich diese besiedelten Flächen zunehmend als zusammenwachsende Bänder ab, als Ballungsraum und dieses »Adernetz der Verdichtungsräume«, als Aufzeichnung des baulichen Bestandes, wird zuweilen bereits als leitende Vorlage für eine bewußtere Ausrichtung der baulichen Expansion herangezogen, aber es gibt keine verbindlichen Richtlinien, nach denen diese Bauachsen als Hauptentwicklungsrichtungen gesichert und bauliche Nebenrichtungen als auslaufend abgebremst werden können. »Die Ausbildung leistungsfähiger Entwicklungsachsen ist zu fördern«, so heißt es in den Landesplanungsgesetzen, und es wird nachfolgend erläutert: »In Entwicklungsachsen sind zentrale Orte und andere Siedlungsschwerpunkte an einer leistungsfähigen Verkehrsader aneinandergereiht«.

Damit kann grundsätzlich jeder Zwischenraum zwischen zentralen Orten als Entwicklungsachse gesehen werden, über den, hinsichtlich seiner baulich räumlichen Entwicklung nur soviel gesagt wird, als er »zur Ordnung von Verdichtungsräumen beitragen« soll und dieser ist der planerischen Initiative der jeweils betroffenen Gemeinde überlassen.

Die übersetzte Vorstellung des Städteplaners von einer Entwicklungsachse kann aber nur die Vorstellung von einer baulich verdichteten oder auf andere Weise besonders gestalteten und ausgestatteten Achse sein und für diese Vorstellungen fehlen die konkreten Richtlinien für die jeweils erforderliche Ausbildung der Entwicklungsstraße. Sollte jedoch die sogenannte Entwicklungsachse lediglich die nähere Bezeichnung für die Reihung von zentralen Orten sein, wobei in diesen zentralen Bereichen und um diese herum die bauliche und sonstige Entwicklung zum Wohle der Allgemeinheit wuchern darf, dann sind wir sehr weit davon entfernt, eine städtebauliche Ordnung oder ein planerisches Konzept auf dieser Basis zu entdecken.

Wie aber sollte demgegenüber eine Entwicklungsachse aus baulich räumlicher Sicht tatsächlich ausgestaltet sein und wo vor allen Dingen sollten diese Achsen liegen?

Nach den Landesplanungsgesetzen (hier: Art. 13, Abs. 2 des Bayerischen Landesplanungsgesetzes) sind im Landesentwicklungsprogramm zu bestimmen:

3. Die zentralen Orte sowie Grundsätze für ihren weiteren Ausbau nach der Eigenart und Bedeutung der angestrebten Mittelpunktsaufgaben.

5. Entwicklungsachsen von überregionaler Bedeutung

6. Die Gebiete, deren Lebens- und Wirtschaftsbedingungen zu ihrer Erhaltung oder Verbesserung besonderer Maßnahmen bedürfen; solche Gebiete sind insbesondere

   a) Gebiete, in denen die Lebensbedingungen in ihrer Gesamtheit im Verhältnis zum Bundesdurchschnitt wesentlich zurückgeblieben sind oder ein solches Zurückbleiben zu befürchten ist,

   b) das »Zonenrandgebiet« (Grenzgebiete zur DDR und zur ČSSR)

   c) Verdichtungsräume, deren Gesundung gefördert oder in denen einer ungesunden Verdichtung von Wohn- und Arbeitsstätten entgegengewirkt werden soll;

   gleichzeitig sind die zur Erhaltung und Verbesserung der Lebens- und Wirtschaftsbedingungen erforderlichen Planungen und Maßnahmen vorzusehen.

Die Entwicklungsachse aus landesplanerischer Sicht bestreicht demnach überwiegend die unterdurchschnittlich entwickelten Bereiche

eines Landes und möchte in den jeweils betroffenen Gebieten die Wirtschafts- und Lebensbedingungen verbessern, und diese Absicht ist in der Regel mit baulicher Aktivität gekoppelt, da die Schaffung von Arbeitsplätzen und Wohnungen zu diesen Entwicklungsprogrammen gehört.
Damit wird aber vornehmlich zum Ausdruck gebracht, wo eine Entwicklung gefördert werden soll und weniger, wie diese gestalterisch oder baulich gerichtet zu gliedern ist. Die Entwicklungsachse aus ortsplanerischer Sicht stellt dagegen den Versuch dar, die bauliche Ausweitung von Orten als Expansion ohne räumliche und zeitliche Begrenzung in Richtungen zu lenken, die eine sinnvolle Erschließung ermöglichen, eine räumliche Gliederung gestatten, eine baulich bestimmte Zonung rechtfertigen und die vor allem eine auf die Zukunft ausgerichtete Zielvorstellung erkennen lassen. Entwicklungsachsen dieser Art sind aber nicht zugleich dort zu sehen, wo bestimmte Gebiete hochgewirtschaftet werden sollen, sondern durchaus in solchen Gebieten, die als gesund zu bezeichnen sind und die möglicherweise sogar die kleinliche bauliche Entwicklung anderer Bereiche verhindern sollen, damit die nicht immer voll genutzten infrastrukturellen Einrichtungen bestimmter Gebiete einer optimalen Nutzung zugeführt werden können oder den nicht voll mit Vorsorgungseinrichtungen ausgestatteten zentralen Orten die für bestimmte Investitionen erforderliche Mantelbevölkerung zugeführt wird.
Die Entwicklungsachse aus ortsplanerischer Sicht faßt die wirtschaftliche und leistungsstarke Größenordnung eines Ortes ins Auge und erlaubt sich, diejenigen Bereiche in ihrer Lethargie zu belassen, die nach ihrer Lage im Raum und nach den überschaubaren Entwicklungschancen mehr an Investitionen erfordern, als in absehbarer Zeit durch einen auf diese Weise ausgelösten wirtschaftlichen Aufschwung an spürbarer Gesundung erwirkt werden kann.
In diesem Zusammenhang muß nochmals das bereits genannte und geplante Autobahnnetz in Erinnerung gerufen werden, das möglichst jeden Ort der Bundesrepublik bis auf etwa 20 Kilometer an dieses Netz heranbringen soll und solche Maßnahmen scheinen mehr von der Vorstellung geleitet, daß mit derartigen Bauwerken

sichtbar etwas für die künftige Entwicklung getan wird. Hier fehlt der mutige Entschluß, die Bevölkerung selbst entscheiden zu lassen, in welchem Bereich sie sich aufhalten möchte, nämlich im Ballungsraum oder im ländlichen Raum, wobei beide Räume ihre charakteristischen Eigenheiten bewahren sollten und nicht der planerische Versuch unternommen werden muß, den ländlichen Raum auf das Niveau des Ballungsbereiches heranzuentwickeln oder die Räume eng miteinander zu verknüpfen. Zweifelsohne ist es richtig, wenn hier entgegengehalten wird, daß die Lage bestimmter Orte im Raum durchaus auch als zufällig anzusehen ist, zufällig und unerwünscht im überregionalen Gefüge, daß damit aber die Existenz dieser Bereiche nicht geleugnet werden kann und diese nicht dem Verfall preisgegeben werden können.

Die Entwicklungsachse stellt existierende und »abseits« gelegene Siedlungsschwerpunkte nicht in Frage. Derartige Gefüge sollen, wo es möglich und sinnvoll ist, durch die bewußte Führung der baulichen Entwicklung eingebunden oder einer punktförmigen Eigenentwicklung überlassen werden, es sollen nur durch den gutgemeinten wirtschaftlichen und kulturellen Niveauausgleich nicht weitere solcher abseitigen Gebilde großgezogen werden, die permanent gefördert werden müssen, damit sie am Leben bleiben.

Die Entwicklungsachse aus städtebaulicher Sicht ist als baulich konzentrierter (Wohneinheiten und Einwohner pro Hektar), im Kultur- und Warenangebot vielseitig ausgestatteter, verkehrstechnisch gut bedienter, städtischer Erweiterungsbereich mit eindeutiger Siedlungsrichtung zu verstehen und diese Achse basiert auf der Vorstellung, die Zersiedelung der Landschaft einzudämmen, die vorhandenen Haupt-Verkehrsadern auf den »Zwischenstrecken« zu nutzen, lebendige Verdichtungsräume zu schaffen, alle Arten von Infrastruktur wirtschaftlich zu installieren und optimal zu nutzen, gekoppelt mit dem Versuch, eine annehmbare und menschliche Eigenheiten respektierende Siedlungsform anzubieten, die die Stadt wieder bewohnbar macht und ihre Tendenz zum reinen Arbeits- und Versorgungszentrum aufhält.

Diese ortsplanerische Siedlungsrichtung könnte zugleich die parallele Leitlinie der Landesplanung und Raumordnung darstellen, wobei klar herauszustellen ist, wo von dieser Seite eine »ungesunde Verdichtung von Wohn- und Arbeitsstätten« gesehen wird, der entgegenzuwirken ist und wo weiterhin solche Verdichtungsräume bereits im Planungsstadium erkennbar sind, deren »Gesundung« später möglicherweise gefördert werden muß. Die Absicht einer weiträumigen Verteilung wirtschaftlicher und kultureller Kristallisationspunkte muß nämlich nicht als unbedingt gesund gesehen werden, mindestens nicht im Hinblick auf die bauliche Entwicklung im jeweils zentralörtlichen Nahbereich.

Wie sollen nun aber die Entwicklungsachsen gerichtet sein, muß die berechtigte Frage lauten?

Wenn bereits angesprochen wurde, daß vorhandene Hauptverkehrsadern in den Zwischenräumen zwischen zentralen Orten genutzt werden sollen, so hat das insofern Gültigkeit, als diese Verkehrsadern auch tatsächlich noch belastbar sein müssen und nicht ihre überregionale Funktion verlieren, aber sie müssen nicht um jeden Preis als verbindlich gesehen werden. Weiterhin scheint die Anlehnung an Orte höherer Zentralität sinnvoll, da die hohen Bevölkerungszuwachsraten dieser Bereiche eine maximale bauliche Nutzung rechtfertigen und damit die neuen Wohngebiete den Bevölkerungsrahmen für die jeweils erforderlichen Gemeinbedarfseinrichtungen stellen, wobei die direkte Anbindung an Bestehendes nicht zu gegenseitiger Belastung führen und die Selbständigkeit einzelner Bereiche nicht nur erklärtes Ziel der beschreibenden Erläuterungsberichte zeichnerischer Darstellungen bleiben darf. Damit werden bereits ganz konkrete Anforderungen an diese Achsen gestellt, die durch ergänzende Bedingungen, wie beispielsweise Abwasserbeseitigung, die Naherholung, die bauliche Gestaltung, den tatsächlichen Bedarf, und andere erst ihre annähernde Form erhalten, aber der Bedarf kann nicht an dem vorherrschenden Wunsch weiter Kreise der Bevölkerung gemessen werden, doch lieber abseits krisenfestes Eigentum zu erwerben. Die Entwicklungsachsen und ihre besondere Gestalt werden zum Teil den Niederschlag aus der möglichen Kenntnis der noch verfügbaren Flächen darstellen, weiterhin das Resultat planerischer Fähigkeit etwas Überzeugendes aus der heutigen Situation und künftiger Erfordernis zu kreieren, verbunden mit der gesetzlichen Unterstützung, eine nach überregionalen Gesichtspunkten zwingende Maßnahme, tatsächlich zu realisieren, wobei diese Entwicklungsbänder nicht vorrangig einer baulich ästhetischen Ordnungsvorstellung unterliegen sollen, sondern überwiegend der Tatsache, daß die Bauleitplanung zwar zeitlich und räumlich begrenzt ist, die bauliche Gesamtentwicklung aber über diese Grenzen hinaus permanent fortgeführt wird.

3. Siedlungsformen und Wohnvorstellungen

Mit den Siedlungsformen stehen jene baulichen Gebilde im Mittelpunkt der Betrachtung, die gegenwärtig permanent Anlaß zu heftigster Kritik geben, und hier, so wird jedenfalls weit verbreitet angenommen, sind die einschneidendsten Veränderungen in künftigen Konzepten zu erwarten, wenn der »moderne« Städtebau tatsächlich wieder etwas Akzeptables hervorbringen soll, aber hier werden sich kaum sensationelle Neuerungen anbieten lassen, die folgerichtig zu befriedigenden Lösungen städtebaulicher Probleme führen.
Das Grundelement Raum in seiner Addition zu Wohnungen und Häuschen, in der Stapelform Gebäude und in der Reihung zu Straßen und Ortsbildern kann möglicherweise in Nuancen so verschoben werden, bis es einer individuellen Vorstellung gemäß beruhigendes Wohlbefinden und annehmbare Zufriedenheit hervorruft, aber Ziel einer neuen Konzeption kann zunächst nicht das schwer wägbare Wohlbefinden einer grob kategorisierbaren Bevölkerung sein, sondern primär die einwandfreie Benutzbarkeit des Komplexes Siedlungsbereich im ständigen Wachstumsprozeß, die dem einzelnen den geringstmöglichen Anlaß zu einem belastenden Dauerkonflikt bietet. Aber ein solches Ziel beinhaltet notwendigerweise Beschränkungen und kann nicht auf der Basis einer totalen Bewegungsfreiheit des Faktors Mensch aufgebaut werden, da jegliche gültige Gruppierung auf der Grundlage einer bekannten augenblicklichen Konstellation im nächsten Moment ihre Gültigkeit verliert, wenn sich subjektive Vorstellungen und räumliche Beziehungen konstant verändern und damit einer bestimmten Gruppierung die Voraussetzung für ihre weitere Funktion entzogen wird.

Die Forderungen der überwiegenden Zahl der Bevölkerung an ihre Wohnumwelt gehen von der sicher berechtigten Vorstellung aus, möglichst störungsfrei zu leben, andererseits aber alle Annehmlichkeiten, auch wenn sie Störungen beinhalten, in unmittelbarer Nähe um sich zu haben. Der Nachbar, der ungehindert die eigene Terrasse einsehen kann oder den man durch die Wohnungstrennwand kennenlernt, die Menschen in gefüllten öffentlichen Verkehrsmitteln, in Kaufhäusern und auf den von der rush-hour geprägten Straßen, sowie die anderen Erholungssuchenden in den zuweilen für Privateigentum gehaltenen Freizeitbereichen werden zunehmend als Störenfriede angesehen, denen man nach eigenem Belieben ausweichen können möchte.

Die eigene Wohnung soll beispielsweise jener Bereich sein, in dem man sich ohne Rücksichtnahme frei bewegen möchte, der Bereich, in dem man nicht gesehen und nicht gehört wird und wo man keine Nachbarn belästigt oder von diesen belästigt wird, und gerade diesen Vorstellungen kommt das freistehende Einfamilienhaus immer noch am nächsten. Zudem übt der eigene Grund und Boden eine magische Anziehungskraft aus, denn die Vorstellung, daß die hohen finanziellen Mietbelastungen nicht mehr einem gewinnsüchtigen Hauseigentümer in die Tasche geschoben werden, sondern der eigenen Kapitalbildung und Unabhängigkeit dienen (mit einem Vorausblick auf den Lebensabend), daß man nicht mehr der Willkür einer Kündigung und einer Mieterhöhung ausgesetzt ist, daß man auch nicht den überwiegenden enggefaßten Hausordnungen unterworfen ist und daß der erdgeschossige Wohnbereich bereits einen Ganz-Naherholungsbereich beinhaltet, bedeutet Befreiung von nicht unberechtigen Ängsten und Erfüllung von vielleicht nicht notwendigen Wünschen.

Diese Art von Wohnvorstellungen sind offensichtlich aus den bitteren Erfahrungen einer kapitalistisch orientierten Umwelt abgeleitet, und ein ständig auf Wachstum ausgerichteter Lebensstandard ermöglicht es, in immer größerem Umfang sich aus den Klauen von Abhängigkeit und Unsicherheit zu befreien, sich abzusetzen, sich zurückzuziehen und das bauliche Ziel dieser intensiven Unabhängigkeitsbestrebungen ist vornehmlich das freistehende Familienheim, dem wir im Augenblick tatsächlich nichts Vergleichbares gegenüberzusetzen haben.

Eine städtebauliche Konzeption, die auf ganz bestimmten Forderungen aufbaut und die möglicherweise die Einschränkung dieser erdnahen Siedlungsform vorsehen muß, stellt sich damit automatisch gegen die Vorstellungen weiter Bevölkerungsschichten und wird von daher auch kaum eine Chance der Verwirklichung haben, wenn nicht mindestens ein gleichwertiger Ersatz angeboten werden kann. Eine politische Instanz, die den rechtlichen Boden für die Realisation städtebaulicher Notwendigkeiten zu schaffen sucht, die beispielsweise die vielleicht menschenfreundlichen, aber andererseits gesellschaftsfeindlichen Siedlungsformen zu reduzieren sucht, wird sich weitreichend der Enteignungsabsichten verdächtig machen und damit gemäß weit verbreiteter Denkungsart in den Bereich politisch gefährlicher Machenschaften beschieden und somit wiederum zu selbsterhaltender Untätigkeit verpflichtet.

Ein zeitgemäßes städtebauliches Konzept, das also die mögliche Forderung enthält, bestimmte Wohnvorstellungen aufzugeben, ist demnach nur denkbar, wenn diese Vorstellungen durch gleichwertige oder gar höherwertige ersetzt werden können, wobei wir mit weitgehend übereinstimmender Feststellung die heutigen Stadterweiterungen als akzeptable Alternativen ausscheiden werden.

Wenn wir aber die Einschränkung bestimmter Siedlungsformen fordern, so drängt sich hier die berechtigte Frage auf, wer von einer solchen Einschränkung betroffen sein wird, und der Blick fällt mit großer Wahrscheinlichkeit auf bestimmte schwache Bevölkerungsschichten, und jedes Programm, das eine derartige »Diskriminierung« zu vermeiden sucht, kann eigentlich nur die totale Einstellung dieser Siedlungsweise fordern. Da aber in der erdgeschossigen Siedlungsform das Synonym für gesundes Wohnen gesehen wird, während die mehrgeschossigen Gebäude »nachweisbar« mit zunehmender Geschoßzahl den Keim für Neurosen in sich tragen, so würde dieses offensichtlich bedeuten, der ungesunden Siedlungsform aus städtebaulichen Notwendigkeiten heraus den Vorzug einzuräumen und sich damit gewiß nicht auf dem Wege zu einem guten Städtebau zu befinden.

Damit würden denkbare Konzepte für städtebauliche Neugliederungen bereits eingekreist, und es kristallisierten sich bei nur flüchtiger Betrachtung verschiedene Faktoren heraus, die mindestens anzeigten, was zu vermeiden oder zu verhindern ist, und es blieben bestimmte Punkte, die als feste und mindestens für lange Zeit unveränderbare Realitäten in ein neues Programm einzugliedern wären. Zu diesen Realitäten gehört beispielsweise das derzeit herrschende Verhältnis zu Grund und Boden – und dic weitere Entwicklung auf der Basis dieses Verhältnisses ist absehbar –, dazu kann weiterhin die Vorherrschaft des individuellen Verkehrsmittels gerechnet werden, das Interesse der betroffenen Bevölkerung und möglicherweise auch der Industrie, eine bestimmte Umwelt zu erhalten oder gar zu schaffen – und das soll einmal als tatsächlich gegeben unterstellt werden –, aber auch die fortgesetzte Spekulation, wobei die Spekulation – und das muß einmal klarer gesehen werden – nicht bestimmte städtebauliche Konzepte verhindert, sondern sich vornehmlich die wirtschaftlichen Ängste einer verunsicherten Bevölkerung zueigen macht.

Die negativen Faktoren sind ohne Zweifel als veränderbar anzusehen, aber es wird sich auf dem Gebiet des Städtebaues sicher wenig ändern, wenn wir diese Faktoren immer wieder nur als planungshemmend herausstellen, jedoch weiterhin von diesen als ergebnisbestimmend geleitet werden.

Eine Enteignung wäre doch so sinnlos, wenn wir nach einem solchen möglichen Akt die Städte in der gleichen Form wie bisher weiterbauen würden, und für andersartige Siedlungsgruppierungen sind derzeit nicht einmal im Ansatz annehmbare Vorschläge erkennbar. Weiterhin sind die ergebnislosen Hinweise auf vorhandene oder notwendige Massenverkehrsmittel als überflüssig anzusehen, wenn gleichzeitig das Straßennetz ständig ausgebaut und die Entscheidung, welches Verkehrsmittel besser benutzt werden sollte, dem so betroffenen Bürger überlassen wird. Mindestens die verantwortlichen Planer wissen inzwischen, wie diese Entscheidungen ausfallen, und auch beschließende Instanzen sollten sich diese Erkenntnisse zueigen machen.

Wenn beispielsweise nicht mehr jeder Ort von jedem Ort mühelos mit dem privaten Kraftfahrzeug erreicht werden kann, nicht jeder Arbeitsplatz oder nicht jedes Erholungsgebiet von jedem Wohnstandort, dann sind bestimmte Bereiche als Wohn-, Arbeits- oder Erholungsbereiche für jeweils bestimmte Bevölkerungsgruppen möglicherweise nur noch von geringem Interesse. Wollte also jemand von seinem bestimmten Wohnstandort seinen Arbeitsplatz mit seinem Kraftfahrzeug aufsuchen, dann müßte er in einem bestimmten Bereich arbeiten, möchte er dagegen an einem anderen Ort tätig werden, dann müßte er entweder auf das Massenverkehrsmittel umsteigen oder seinen Wohnstandort wechseln oder mit dem eigenen Kraftfahrzeug ungeheure Wegelängen in Kauf nehmen. Solcherart von Verknüpfungen wird vielleicht von vielen als unzumutbar angesehen, weil damit die garantierte Freiheit, sich an jeder beliebigen Stelle niederzulassen, eingeschränkt wird, doch diese Freiheit wird ja keineswegs beschnitten, sondern allenfalls die Entscheidung erschwert, einen bestimmten Standort oder ein bestimmtes Verkehrsmittel oder aber einen bestimmten Arbeitsplatz zu wählen, denn die Freiheit des Bürgers, den eigenen Standort nach Belieben zu wählen, schließt nicht automatisch die Verpflichtung ein, diesen gewählten Punkt an jeden denkbaren anderen Punkt der Umwelt anzuschließen.

Wer unter dem Aspekt der Erreichbarkeit seiner räumlichen Umwelt oder der Notwendigkeit, bestimmte Punkte seiner Umwelt zu erreichen, in einer ganz bestimmten Weise zu erreichen, seinen Standort wählen müßte, der träfe damit ganz bewußte Entscheidungen, die er heute erst von einer bestimmten räumlichen Dimension an treffen muß, und wer zusätzlich noch eine bestimmte Wohnform in seine Standortüberlegungen einbezöge, der hätte weitere Konsequenzen zu ziehen, denn die Freiheit der Standortwahl beinhaltet nicht auch die Verpflichtung, an jedem »beliebigen« Ort die jeweiligen Wohnformen gemäß individualistischer Vorstellungen zu erstellen.

In der determinierten Verteilung und Verbindung von Nutzungsarten nach solchen Gesichtspunkten kann eigentlich erst städtebauliche Planung gesehen werden, während das gegenwärtige planerische Geschehen mehr von einem baulichen Auffüllen der Landschaft nach ablesbaren Wünschen der Bevölkerung unter Berücksichtigung sich daraus ergebender Funktionsabläufe bestimmt ist.

Siedlungsbereiche werden baulich in drei unterschiedlichen Erscheinungsformen erstellt, nämlich einmal in ausschließlich hoher Bebauung (mehrgeschossig), zum anderen in rein erdnaher Bauweise und darüber hinaus in einer aus diesen beiden Formen zusammengestalteten Mischform, die gerade wegen der gestalterischen Vielfalt und im Hinblick auf die aus solchen Mischformen herausgezählten Bevölkerungsstrukturen in der Regel als gesund angesehen wird. Mit dieser baulichen Mischung kann heute annähernd jede Wohnvorstellung an annähernd jedem Ort befriedigt werden, während sich planerisch die Möglichkeit böte, bestimmte Wohnvorstellungen in ganz bestimmte Bereiche zu setzen, ohne die vielleicht vermutete Absicht, eine bestimmte Wohnvorstellung durch planerische Maßnahmen unattraktiv zu machen und sie auf diese Weise einzudämmen, denn andererseits könnte diese bestimmte Vorstellung durch gezielte planerische Maßnahmen auch für die Zukunft noch gesichert werden.

Die Stadt ist für den Planer primär ein technisch funktionales Gebilde, in dem der Faktor »Wohlbefinden« das Resultat von Rechengängen darstellen soll, wobei individuelle Wohnvorstellungen verständlicherweise nur soweit in die Rechnung eingehen können, wie sie das Gesamtwohlbefinden nicht beeinträchtigen, und die individuellen Wünsche müßten damit möglicherweise in den privaten Bereich beschieden werden.

Bestimmte Siedlungsformen – und diese wiederum in ihren eindeutigen Erscheinungsformen in erdgeschossiger oder mehrgeschossiger Bauweise – sollten somit auf der Basis bestimmter Erfordernisse und im Hinblick auf beabsichtigte Ergebnisse nur an bestimmten Orten angeboten werden, damit sich die Bevölkerung gemäß ihren persönlich optimalen Wünschen auffächern kann. Auf dieser Grundlage könnten Funktionsabläufe stabilisiert und möglicherweise eindeutigere Erkenntnisse über umweltbezogene Wohnqualitäten gewonnen werden.

Hier könnten beispielsweise neuartige Ansatzpunkte für städtebauliche Konzeptionen gesehen werden, die jedoch noch nicht die Garantie für die Lösung der aus der Stadt erwachsenden Probleme beinhalten, die aber mindestens erweisen könnten, ob die baulichen Konglomerationen nur noch das Spielfeld menschlicher Ansprüche sind oder ob sie als das Produkt von Notwendigkeiten anerkannt werden, die sich aus einer unausweichlichen und ständig wachsenden Ansammlung von Menschen ergeben. Damit wird nicht ein blindes Vertrauen in eine spezielle Rechenkunst gesetzt, aber es kann auch nicht weiterhin von der stillen Hoffnung ausgegangen werden, daß sich die baulichen Bereiche, die mit anhaltender Expansionsgeschwindigkeit entstehen, zu befriedigenden Ergebnissen zurechtwachsen. Einstweilen können unsere Stadtgebilde nur noch als Zufallsprodukte gesehen werden, in denen uns hin und wieder ein paar Einzelobjekte gelingen.

4. Der Mensch zwischen Wohnung, Arbeits- und Freizeitbereich

Wenn wir den Menschen zwischen seinem Wohnstandort, seinem Arbeitsplatz und den Freizeitbereichen sehen, so bedeutet das nicht, die alte Polarität Privatheit und Öffentlichkeit durch eine neue zu ersetzen, sondern den Menschen dort zu sehen, wo er sich eigentlich selber sieht, und die Siedlungsbereiche in ihrer Gesamtheit geraten unter diesem Aspekt mehr und mehr zum Bewegungsraum zwischen den Orten täglichen Tuns, während die einzelnen Aufenthaltsorte zunehmend den Charakter von Privatbereichen annehmen.
Die zu stark herausgearbeitete Polarität Öffentlichkeit Privatheit, die offensichtlich aus den in beiden Bereichen verschiedenartigen Verhaltensweisen herausgelesen wurde, zwingt dem Menschen spürbar zwei verschiedene Verhaltensweisen mit dem Umschaltvorgang Türschwelle auf, wobei der private Bereich andere Toleranzgrenzen zubilligt als der öffentliche. Der Mensch dagegen fühlt sich immer privat und stellt sich je nach dem Grade der Erfordernis oder der Intelligenz nur auf das Öffentlichkeitsreglement ein.
Zwischen diesen beiden Bereichen eine deutliche Grenze zu sehen, wie sie H. P. Bahrdt [58] in der »traditionellen Blockbebauung« noch sieht und diese baulich sichtbar herauszuarbeiten, um unmißver-

ständlich auf den Situationswechsel hinzuweisen, kann nicht das vordringliche Anliegen des Städtebauers sein, denn diese Grenzregelung zwischen dem »Hemdsärmelbereich« und dem »Krawattengefilde« würde die Gebiete der Kontakthemmung nur erweitern, da im öffentlichen Bereich die Schaffung sozialer Situationen, und damit die Voraussetzung einer zwangloseren Kontaktnahme, weitaus schwieriger gesehen werden muß als im privaten Bereich oder solchen Zonen, die möglicherweise dafür gehalten werden könnten. Die Eindeutigkeit der Bereiche stellt keine Voraussetzung für eine Sicherheit im Verhalten dar, und eine Verhaltensunsicherheit ist nicht die natürliche Folge einer Undeutigkeit von bestimmten Bereichen. Der Mensch sucht in der Regel ganz gezielt eindeutig definierte Bereiche seiner Umwelt auf und verharrt nicht in Nachdenklichkeit, wenn sich irgendwo eine mögliche Unklarheit abzeichnet. Diese eindeutigen Bereiche sind die Wohnung (weniger das Quartier), der Arbeitsplatz, die Freizeit- und Erholungsbereiche, die Standorte von Freunden und Bekannten und andere Einzelziele, wie z. B. Innenstädte oder kulturelle Einrichtungen. Zwischen diesen Punkten bewegt sich der Mensch, und aufgrund der wachsenden Dimensionen zunehmend mit einem Verkehrsmittel, zum Teil sogar unterhalb der städtischen Bildebene, und es verwischen sich die Zwischenbereiche zu zeitgerafften Eindrücken. Die Verbindung zwischen Quell- und Zielorten erlangt in dem Moment eine spürbare Bedeutung, wo sie nicht störungsfrei funktioniert und wo sie eine bestimmte zeitliche Größenordnung übersteigt, und diese Störungsfaktoren können allenfalls durch den hohen Erlebniswert des jeweiligen Aufenthaltortes in dem Ereignisgefüge Stadt kompensiert werden, wobei die Erlebniswerte der durchschnittlichen Mietwohnungen eines Vorstadtbereiches und auch überwiegend die des Arbeitsplatzes als zuweilen gering angesetzt werden können.
Cities und ihre nahegelegenen Bereiche, wie auch die Erholungsgebiete, sind dagegen diejenigen Zonen, die sich immer stärker als Erlebnisbereiche von den übrigen Aufenthaltsorten absetzen, sie rükken damit zunehmend in das Zielfeld einer ständig wachsenden Bevölkerungszahl und sie verlieren mit der steigenden Benutzerdichte spürbar an Attraktivität.

Die Mehrung der urbanen Bereiche ist uns bis heute nicht gelungen, auch beispielsweise die mit zum Teil großem gestalterischen Geschick zusammengestellten Zentren einiger New Towns in England geben hier keinen richtungsweisenden Aufschluß; der vielgestaltige Begriff Urbanität setzt sich lediglich, mit schwindender Intensität, als wieder anzustrebendes Ziel stärker in das Bewußtsein der Bevölkerung und auch der Städtebauer, und die planerische Möglichkeit, Urbanität als wesentliches Attribut einer städtebaulichen Neuschöpfung gleichsam einen belebenden Odem einzugeben, kann baulich nur bis zu einem gewissen Grade vorbereitet werden. Den restlichen Anteil hat die Bevölkerung.

Die beabsichtigte Erschließung weiterer Erholungsgebiete und der anwachsende Ausbau von Freizeitstätten werden die Vielfalt der Auswahl ohne Zweifel erhöhen, aber der Mensch, dem man heute, aus zum Teil erklärbarem Interesse, deutlicher ins Bewußtsein zu bringen sucht, daß er auf dem Wege ist, ein Freizeitmensch zu werden, erhält damit nur ein paar Stätten der Zerstreuung mehr, wobei auch die letzten landschaftlich reizvollen Regionen noch von schnellen Pisten für die rastlos Suchenden zerfurcht werden. Wie die Städte oder Siedlungsformen für die Pendler zwischen der eigenen Behausung und den notwendigen und freiwilligen Aufenthaltsorten neu zu konzipieren sind, vermögen wir heute noch nicht aufzuzeigen, da wir uns immer noch an einem traditionellen Bestand orientieren und diesen an die technischen Neuerungen, die wachsenden räumlichen Dimensionen und die sich daraus ergebenden Erfordernisse mit wenig Erfolg anzupassen suchen. Die sich verändernden Städte stehen damit immer noch im Pendelspiel zwischen einer Ursache und einer Auswirkung, und sie sind immer noch nicht das Objekt einer funktionellen Gesamtkonzeption im permanenten Wachstumsprozeß.

Planung, so hatten wir definiert, bedeutet die Vorbereitung der Verwirklichung einer Zielvorstellung auf der Basis der Erkenntnis der Gegenwart für die Bedürfnisse der Zukunft.

Die Erkenntnis der städtebaulichen Gegenwart dürfte nunmehr gegeben sein, es fehlt damit lediglich die Zielvorstellung für die Zukunft, die über die unleugbare Absicht, etwas besser machen zu wollen hinaus auch konkrete Formen annehmen muß, verbunden mit der rechtlichen Absicherung, diese tatsächlich verwirklichen zu können. Wir müssen endlich die Gewißheit erlangen, daß das, was wir städtebaulich erreichen wollen, planerisch vorbereitet werden kann, denn andernfalls kann eigentlich kaum von Planung gesprochen werden.

Anmerkungen

1. Klages, Helmut: Über einige Probleme der Zusammenarbeit des Städtebauers mit dem Soziologen. In: Archiv für Kommunalwissenschaften. Jg. 5 (1966), S. 66 ff.
2. Siebel, Walter: Zur Zusammenarbeit zwischen Architekten und Soziologen. In: Stadtbauwelt. Jg. 58 (1967), S. 1011 ff.
3. Mitscherlich, Alexander: Psychologie im Städtebau. In: Neue Heimat. 1969. Heft 12, S. 1 ff.
4. Bahrdt, Hans Paul: Humaner Städtebau. Hamburg 1968.
5. Schmidt-Relenberg, Norbert: Soziologie und Städtebau. Stuttgart/Bern 1968.
6. Haase, Günther: Landesbauordnung und Musterbauordnung. Hamburg 1968.
7. Mang/Simon: Bayerische Bauordnung. Kommentar. Teil B.
8. Zitiert in: Mang/Simon a. a. O. (Anm. 7)
9. Mitscherlich, Alexander: Die Unfähigkeit zu trauern. München 1968, S. 73.
10. Stadler, Otto: Leitfaden für den sozialen Wohnungsbau. München 1971, S. 188.
11. Schmidt-Relenberg, Norbert, a. a. O. (Anm. 5), S. 157 u. 158.
12. Bahrdt, Hans Paul, a. a. O., S. 47 ff., (s. Anm. 4).
13. Mitscherlich, Alexander, a. a. O, S. 3 (s. Anm. 3).
14. Jacobs, Jane: Tod und Leben großer amerikanischer Städte. West-Berlin 1964. S. 107.
15. Schäfers, Bernhard: Soziologie als mißdeutete Stadtplanungswissenschaft. In: Archiv f. Kommunalwissenschaften. Jg. 1970, S. 257.
16. Jacobs, Jane, a. a. O., S. 126. (s. Anm. 14).
17. Le Corbusier: An die Studenten. Die »Charte d'Athènes«, Reinbek 1962, S. 84.

18. Le Corbusier, a. a. O., S. 96 ff. (s. Anm. 17).
19. Bahrdt, Hans Paul, a. a O., S. 128 (s. Anm. 4).
20. Pfeil, Elisabeth: Die Familie im Gefüge der Großstadt. Hamburg 1965, S. 39.
21. Heil, Karolus: Kommunikation und Entfremdung. Stuttgart 1971, S. 65.
22. Die Welt in Zahlen. Harms Statistik 1971/72. München usw. 1971.
23. Jüchser, Jürgen: Die Gleichzeitigkeit in unseren Städten. In: Bauwelt. Jg. 1970, Nr. 14, S. 480 ff.
24. Le Corbusier: Feststellungen zu Architektur und Städtebau. West-Berlin 1964, S. 241 ff.
25. Mitscherlich, Alexander: Meditationen vor dem Reißbrett. In: Süddeutsche Zeitung. 16./17. Okt. 1971, Nr. 248.
26. In: Spiegel. Jg. 1972, Nr. 23, S. 123.
27. Gesetz über städtebauliche Sanierungs- und Entwicklungsmaßnahmen (Städtebauförderungsgesetz) vom 27. Juli 1971, § 1, Abs. 5 und 6. In: Bundesgesetzblatt. Teil 1, Nr. 72, S. 1127.
28. Sedlmayr, Hans: Verlust der Mitte. Frankfurt 1959, S. 87.
29. In: Süddeutsche Zeitung vom 18. Juli 1972, Nr. 162.
30. Vollzug des Bundesbaugesetzes; hier: Hinweise für die Ausarbeitung und Aufstellung der Bauleitpläne. In: Ministerialamtsblatt der Bayerischen Inneren Verwaltung. 1967. Nr. 40, S. 748.
31. Krisis, Paul: Über Planungsstrategie zu einem Leitbild der Raumordnung. In: Informationen (Hrsg.: Institut für Raumforschung). Bad Godesberg. Jg. 14, Nr. 1/64. S. 9 und 20.
32. Philosophisches Wörterbuch. Stuttgart 1960, S. 200.
33. Ortega y Gasset, José: Der Mensch und die Leute. München 1968, S. 6 ff.
34. A. a. O. (Anm. 27).
35. Statistisches Jahrbuch für Bayern. 1961 und 1969. München.
36. Schmidt-Relenberg, Norbert, a. a. O., S. 45 (s. Anm. 5).
37. Mitscherlich, Alexander, a. a O., S. 1 ff. (s. Anm. 3).
38. Schäfers, Bernhard, a. a. O., S. 240 ff. (s. Anm. 15).
39. Siebel, Walter, a. a. O., S. 1011 ff. (s. Anm. 2).
40. Mitscherlich, Alexander, a. a. O. (s. Anm. 25).
41. Mitscherlich, Alexander, a. a. O., S. 6 (s. Anm. 3).
42. Bundesraumordnungsgesetz vom 8. 4. 1965. In: Bundesgesetzblatt. I, S. 306.
43. Hohberg, Heinz: Das Recht der Landesplanung. Hannover 1966, S. 39.
44. Bayerisches Landesplanungsgesetz vom 6. 2. 1970. In: Bayerisches Gesetz- und Verordnungsblatt. Nr. 2/1970.

45. Bundesbaugesetz vom 23. 6. 1960. In: Bundesgesetzblatt I, S. 341.
46. Baunutzungsverordnung i. d. F. der Bek. vom 26. 11. 1968.
47. Das Baurecht in Bayern. Loseblattsammlung. Bd. 1. München 1968.
48. A. a. O. (s. Anm. 46), § 5 Dorfgebiete:
(1) Dorfgebiete dienen vorwiegend der Unterbringung der Wirtschaftsstellen Land- und forstwirtschaftlicher Betriebe und dem Wohnen.
(2) Zulässig sind
1. Wirtschaftsstellen land- und forstwirtschaftlicher Betriebe,
2. Kleinsiedlungen und landwirtschaftliche Nebenerwerbsstellen,
3. Wohngebäude,
4. Betriebe zur Verarbeitung und Sammlung land- und forstwirtschaftlicher Erzeugnisse,
5. Einzelhandelsbetriebe, Schank- und Speisewirtschaften sowie Betriebe des Beherbergungsgewerbes,,
6. Handwerksbetriebe, die der Versorgung der Bewohner des Gebietes dienen,
7. sonstige nicht störende Gewerbebetriebe,
8. Anlagen für örtliche Verwaltungen sowie für kirchliche, kulturelle, soziale, gesundheitsliche und sportliche Zwecke,
9. Gartenbaubetriebe,
10. Tankstellen.
(3) Die Dorfgebiete einer Gemeinde oder Teile eines Dorfgebietes können im Bebauungsplan nach der Art der zulässigen Nutzung gegliedert werden.
49. A. a. O. (s. Anm. 27).
50. Haase, Günther, a. a. O. (s. Anm. 6).
51. Schallschutz im Städtebau. Vornorm DIN 18005. In: Bundesbaublatt vom Aug. 1971. H. 8. S. 369 ff.
52. In Süddeutsche Zeitung vom 12. 10. 1972. S. 44.
53. Le Corbusier, a. a. O., S. 110/111 (s. Anm. 17).
54. Le Corbusier, a. a. O., S. 110/111 (s. Anm. 17).
55. Le Corbusier, a. a. O., S. 122 (s. Anm. 17).
56. A. a. O. (Anm. 35), 1969: Flächennutzung der BRD, Stand: 31. 12. 1968.
57. A. a. O., 1961 (s. Anm. 35).
58. Bahrdt, Hans Paul, a. a. O., S. 113 (s. Anm. 4).